高职高专计算机系列教材

新华三ICT数字学院推荐教材

U0587446

微课版

网络安全与管理

主　编　李　敏　荆于勤　范兴亮

副主编　徐　洋　伍　钰

参　编　张　曼　李垠昊　龚秀波

　　　　陈小莉　张　黎

主　审　罗惠琼

重庆大学出版社

内容提要

本书从网络安全工程师岗位出发,采用"项目探究、案例引导"的方法,通过网络安全防护常用的防火墙(Firewall)技术、虚拟专用网(VPN)技术、深度安全(DPI)技术及综合应用4个模块(共18个项目),阐述网络安全防护的应用场景、安全设备配置思路及方法。

本书每个项目均基于实际工作过程。因此,通过本书,读者不仅能了解中小型网络的安全技术和场景、常用的网络安全设备,还可以培养部署和维护其安全架构以及协助设计安全解决方案的能力。

图书在版编目(CIP)数据

网络安全与管理 / 李敏,荆于勤,范兴亮主编. --
重庆:重庆大学出版社,2023.6
高职高专计算机系列教材
ISBN 978-7-5689-3981-2

Ⅰ. ①网… Ⅱ. ①李… ②荆… ③范… Ⅲ. ①计算机
网络—网络安全—高等职业教育—教材 Ⅳ.
①TP393.08

中国国家版本馆 CIP 数据核字(2023)第 104340 号

网络安全与管理

WANGLUO ANQUAN YU GUANLI

主 编 李 敏 荆于勤 范兴亮
策划编辑:秦旖旎
责任编辑:张红梅 版式设计:秦旖旎
责任校对:王 倩 责任印制:张 策

*

重庆大学出版社出版发行
出版人:饶帮华
社址:重庆市沙坪坝区大学城西路 21 号
邮编:401331
电话:(023)88617190 88617185(中小学)
传真:(023)88617186 88617166
网址:http://www.cqup.com.cn
邮箱:fxk@ cqup.com.cn(营销中心)
全国新华书店经销
重庆长虹印务有限公司印刷

*

开本:787mm×1092mm 1/16 印张:19.25 字数:483 千
2023 年 6 月第 1 版 2023 年 6 月第 1 次印刷
印数:1—1 000
ISBN 978-7-5689-3981-2 定价:49.00 元

前 言

网络安全是国家安全的重要组成部分,没有网络安全,就没有国家安全。在数字社会,网络安全人才更为紧缺。

本书深入贯彻党的二十大精神,针对党的二十大报告中对网络安全提出的新要求,融入了法律法规意识、大国工匠精神、科技创新意识、民族自立自强精神、爱国情怀等与课程内容紧密联系的课程思政元素,并遵循最新的网络安全国家标准,立足网络安全工程师岗位能力需求,融合编者多年的网络安全教学和竞赛指导经验,结合网络安全工程师(H3CNE-Security)认证重构教学内容。本书既是"H3C授权认证参考教材",也是重庆市高等职业教育在线精品课程"网络安全与管理"的配套教材,既可作为高职高专信息安全专业和网络专业的网络安全课程教材,也可作为本科网络安全教学的参考书,还可以作为网络安全从业者的技术参考资料或培训参考书。

基于网络安全知识图谱,本书采用"项目探究、案例引导"的方法,分4个模块(共18个项目)深入浅出地讲解网络安全技术,演示网络安全设备配置及操作。每个项目均基于实际工作流程,通过"工作手册式"模式,介绍了项目的应用背景、操作步骤、验证结果等,从而达到将教材转化为"学材"的目的。通过本书,读者能了解中小型网络安全技术和应用,配置常用的网络安全设备,并培养部署和维护其安全架构以及协助设计安全解决方案的能力。

本书建议学时为60~72学时,并建议采用理实一体教学模式。由于网络安全设备日新月异,因此,本书着重通过Web可视化界面的操作方式展示安全设备的配置思路和方法,而不局限于某种特定网络安全设备。为了满足新形态数字化教材建设需要和吸纳课程改革研究最新的成果,本书附二维码资源,通过扫描书中二维码可在手机等移动端观看微课等资源。与本书配套的在线开放课程"网络安全与管理"已在"学银在线""智慧职教""智慧树"平台上线,读者可扫描下方二维码进入"智慧职教MOOC——网络安全与管理"课程。同时为了方便读者操作和深入学习,本书提供了模拟器软件、完整的项目命令行指令、微课视频、动画、实训任务单等课程资源，读者可以从"学银在线"平台本课程的资料中获取。

智慧职教 MOOC——网络安全与管理

学时分配表

模块	项目名称	建议学时
模块1 铜墙铁壁——配置防火墙	项目1　配置登录管理功能	2
	项目2　配置设备基础设置	3
	项目3　配置访问控制功能	3
	项目4　配置 NAT 功能	4~6
	项目5　配置攻击防范功能	3~4
	项目6　配置 ALG 功能	3~4
	项目7　配置 AAA 实现认证授权	3
	项目8　配置二、三层转发	3
模块2 脉脉相通——配置VPN	项目9　配置 GRE 建立隧道	3
	项目10　配置 L2TP VPN 应用典型案例	3
	项目11　配置 IPSec VPN 应用典型案例	3
	项目12　配置 SSL VPN 应用典型案例	3
模块3 深壁固垒——配置深度安全	项目13　配置病毒防护功能	3
	项目14　配置深度安全防御功能	5
模块4 层层联防——配置综合应用	项目15　配置 DNS 与 NAT 组合应用典型案例	4~6
	项目16　配置 IPSec 与 NAT 组合应用典型案例	4~6
	项目17　配置 GRE over IPSec 虚拟防火墙典型案例	4~6
	项目18　配置 L2TP over IPSec VPN 应用典型案例	4~6

本书为校企合作开发教材,由重庆工商职业学院(重庆开放大学)李敏、荆于勤,重庆应用技术职业学院范兴亮担任主编,新华三技术有限公司徐洋、成都工贸职业技术学院伍钰等

担任副主编。其中,李敏编写项目1—5,荆于勤编写项目6—10,范兴亮编写项目11,伍钰编写项目12,张曼编写项目13,李垠昊编写项目14,龚秀波编写项目15,陈小莉编写项目16,张黎编写项目17,徐洋负责企业案例设计及编写项目18。电子科技大学罗惠琼教授负责全书的审核。

本书的编写得到了新华三技术有限公司的技术支持,也得到了许多行业企业专家、同仁的大力支持和帮助,在此表示衷心感谢!

由于编者水平有限,书中难免有疏漏和不足之处,恳请广大读者批评指正。

编　者

2023 年 4 月

本书命令行二维码清单

序号	项目名称	二维码	序号	项目名称	二维码
1	项目2　配置设备基础设置		10	项目11　配置 IPSec VPN 应用典型案例	
2	项目3　配置访问控制功能		11	项目12　配置 SSL VPN 应用典型案例	
3	项目4　配置 NAT 功能		12	项目13　配置病毒防护功能	
4	项目5　配置攻击防范功能		13	项目14　配置深度安全防御功能	
5	项目6　配置 ALG 功能		14	项目15　配置 DNS 与 NAT 组合应用典型案例	
6	项目7　配置 AAA 实现认证授权		15	项目16　配置 IPSec 与 NAT 组合应用典型案例	
7	项目8　配置二、三层转发		16	项目17　配置 GRE over IPSec 虚拟防火墙典型案例	
8	项目9　配置 GRE 建立隧道		17	项目18　配置 L2TP over IPSec VPN 应用典型案例	
9	项目10　配置 L2TP VPN 应用典型案例				

目录

模块 1

铜墙铁壁 ——配置防火墙

项目1
配置登录管理功能

党的二十大报告指出,"推进国家安全体系和能力现代化,坚决维护国家安全和社会稳定","必须坚定不移贯彻总体国家安全观,把维护国家安全贯穿党和国家工作各方面全过程,确保国家安全和社会稳定","强化经济、重大基础设施、金融、网络、数据、生物、资源、核、太空、海洋等安全保障体系建设"。这些重要论断深刻阐明了新时代国家安全体系的目标任务等重大问题,提出了推进国家安全体系和能力现代化的工作举措,赋予了信息通信业在维护国家安全中的重要使命。

学习目标

【知识目标】
(1)了解 UTM 的登录方式;
(2)了解 UTM 登录管理功能的配置方法。

【技能目标】
(1)能够通过 Console 口登录 UTM;
(2)能够利用 Web 方式登录 UTM;
(3)能够对 UTM 进行用户管理。

【素质目标】
(1)增强国家安全意识;
(2)培养网络安全意识;
(3)培养科技强国的责任感和使命感。

安全法(上)

安全法(下)

项目描述

小王是网络安全管理员,他经常登录防火墙设备进行各种配置。通过 Console 口只能本地登录(图 1.1),而采用 Web 方式可以进行远程登录(图 1.2),两者各有优缺点。因此,这两种方式成为小王最常使用的防火墙登录方式。

项目组网图

图 1.1

图1.2

任务1　Console 口登录

一、任务导入

使用 Console 口进行本地登录是登录设备最基本的方式,也是配置通过其他方式登录设备的基础。因此,使用 Console 口进行本地登录是使用 UTM 或防火墙的必备技能。

本任务通过 H3C SecPath F1060 防火墙实现。

二、必备知识

1. 防火墙的登录方式

H3C 防火墙支持以下登录方式:

- 通过 Console 口进行本地登录;
- 通过以太网口利用 Telnet/SSH 进行远程登录;
- 通过 AUX 口进行本地登录;
- 通过浏览器进行 Web 访问;
- 通过 NMS 登录。

防火墙插卡除支持上述登录方式,还支持从主网络设备(例如交换机/路由器)登录。

2. 本地用户

本地用户是在本地设备上设置的一组用户属性的集合,该集合以用户名为用户的唯一标识。为使某个请求网络服务的用户可以通过本地认证,需要在设备的本地用户数据库中添加相应的表项。本地用户的属性包括用户名、密码、访问等级、可以使用的服务类型,以及用户所属的虚拟设备。

3. CLI 登录方式

CLI(Command Line Interface,命令行接口)是用户与设备之间的文本类指令交互界面。通过 CLI 登录设备包括通过 Console 口、Telnet、SSH 登录三种方式。当使用 Console 口、Telnet 或 SSH 登录设备时,都需要用 CLI 与设备进行交互。因此,用户需对这些登录方式进行相应的配置,以增加设备的安全性及可管理性。用户输入文本类命令,通过输入回车键提交设备执行相应命令,从而对设备进行配置和管理,并可以通过查看输出信息确认配置结果。设备支持多种方式进入命令行接口界面,比如,通过 Console 口、Telnet 或 SSH 登录设备后进入命令行接口界面等,各方式的详细描述请参见"基础配置指导"中的"登录设备"。

4. Console 口登录的认证方式

通过在 Console 口用户界面下配置认证方式,可以对使用 Console 口登录的用户进行限制,以提高设备的安全性。Console 口支持的认证方式有 none、password 和 scheme 三种。

认证方式为 none,表示下次使用 Console 口本地登录设备时,不需要进行用户名和密码认证,任何人都可以通过 Console 口登录到设备上,这种情况可能带来安全隐患。

认证方式为 password,表示下次使用 Console 口本地登录设备时,需要进行密码认证。只有密码认证成功,用户才能登录到设备上。配置认证方式为 password 后,请妥善保存密码。

认证方式为 scheme,表示下次使用 Console 口登录设备时,需要进行用户名和密码认证,用户名或密码错误,均会导致登录失败。用户认证又分为本地认证和远程认证,如果采用本地认证,则需要配置本地用户及相应参数;如果采用远程认证,则需要在远程认证服务器上配置用户名和密码。配置认证方式为 scheme 后,请妥善保存用户名及密码。

三、任务实施

缺省情况下,设备通过 Console 口进行本地登录,用户登录到设备上后,可以对各种登录方式进行配置。步骤如下。

1. 连接设备和 PC

(1)给 PC 机断电。因为 PC 机串口不支持热插拔,所以不要在 PC 机带电的情况下,将串口插入或者拔出 PC 机。

(2)使用产品随机附带的配置口电缆连接如图 1.1 所示的 PC 机和设备。先将配置电缆的 DB-9(孔)插头插入 PC 机的 9 芯(针)串口插座,再将 RJ-45 插头端插入设备的 Console 口中。

2. 运行超级终端程序

(1)给 PC 机上电。

(2)在 PC 机上运行终端仿真程序(如 Windows XP/Windows 2000 的超级终端等),如图 1.3 所示。选择与设备相连的串口,如图 1.4 所示,设置终端通信参数:传输速率为 9 600 bit/s、8 位数据位、1 位停止位、无校验和无流控(图 1.5),如准备采用第三方的终端控制软件,使用方法参照软件的使用指导或联机帮助。

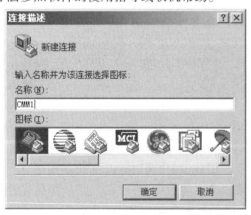

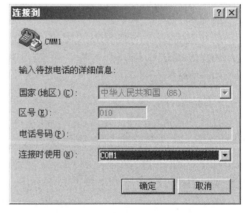

图 1.3   图 1.4

3. 设备自检

设备上电,终端显示设备自检信息,自检结束后提示用户键入回车,之后将出现命令行提示符(如<H3C>)。

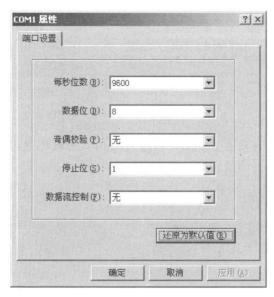

图 1.5

4. 登录

缺省情况下,用户可以直接通过 Console 口本地登录设备,登录时认证方式为 none(不需要用户名和密码),登录用户级别为 3。登录后可键入命令,配置设备或查看设备运行状态。认证方式为 none 的登录过程如表 1.1 所示。

表 1.1　认证方式为 none 的登录过程

操　作	命　令	说　明
进入系统视图	system-view	—
进入 Console 口用户界面视图	user-interface console first-number［last-number］	—
设置登录用户的认证方式为不认证	authentication-mode none	必选 缺省情况下,用户通过 Console 口登录,认证方式为 none(即不需要进行认证)
配置 Console 口的公共属性	—	可选

改变 Console 口登录方式的认证方式后,该认证方式的设置不会立即生效。用户退出命令行接口后重新登录,该设置才会生效。

四、任务小结

本任务是对防火墙设备的初始化登录过程,这是进行防火墙配置的前提。在采用其他登录方式前,往往需要采用 Console 口登录完成接口服务等基础配置,因此,Console 口登录是使用防火墙的必备技能。

✴ 任务2 Web 网管登录

一、任务导入

目前,防火墙各种软件功能主要推荐通过 Web 方式进行配置。使用 Web 方式不局限于时间、地点,方便快捷,是目前最常用的登录防火墙设备的方式。

二、必备知识

1. Web 网管登录

设备提供一个内置的 Web 服务器,用户可以通过 PC 登录到设备上,使用 Web 界面直观地配置和维护设备。

Web 网管支持的操作系统包括 Windows XP、Windows 2000 及后续版本以及 Linux 和 MAC OS。

Web 网管支持的浏览器建议为 Chrome 40 及以上版本、Firefox 19 及以上版本、Internet Explore 10 及以上版本。设备的软件版本变化后,在通过 Web 网管登录时,建议先清除浏览器的缓存数据,否则 Web 网管的内容可能无法正确显示。

由于 Windows 操作系统自带的防火墙会对 TCP 连接数进行限制,因此,使用 Web 网管时会出现无法打开 Web 网管页面的情况。为了避免这种情况,建议关闭 Windows 自带的防火墙。

2. 首次登录 Web 网管默认信息

用户首次登录 Web 网管时需使用缺省账号进行登录,防火墙出厂时已经设置默认的 Web 网管登录信息,并且 HTTP(Hypertext Transfer Protocol,超文本传输协议)功能已处于开启状态,可以直接使用该默认信息登录防火墙的 Web 界面。若 HTTP 功能被关闭,则先通过 CLI 方式开启 HTTP 功能。

默认的 Web 网管登录信息包括:

- 用户名:"admin"。
- 密码:"admin"。
- 管理口的 IP 地址:"192.168.0.1/24"。

防火墙各款型对此特性的支持情况有所不同。

3. 用户级别

用户级别由低到高分为 4 级:Visitor、Monitor、Configure 和 Management。高级别用户具有低级别用户的所有操作权限。

- Visitor:处于该级别的用户可以进行 Ping 和 Trace Route 操作,但不能从设备读取任何数据,也不能对设备进行任何设置。
- Monitor:只能从设备读取数据,而不能对设备进行任何设置。
- Configure:可以从设备读取数据,并对设备进行配置,但是不能对设备进行软件升级、添加/删除/修改用户、备份/恢复配置文件等操作。

- Management：可以对设备进行任何操作。

三、任务实施

1.使用缺省账号首次登录 Web 网管

1）连接设备和 PC

用交叉以太网线将 PC 和设备的管理口相连。图 1.6 为设备端管理口的连线，连接的是设备的 GE 0/0 口。（不同产品的连线参照相应的产品说明）

图 1.6

2）为 PC 配置 IP 地址，保证能与设备互通

PC 的 IP 地址设置成与设备的默认管理口 IP 地址同网段（除 192.168.0.1），如 192.168.0.2。

3）启动浏览器，输入登录信息

在 PC 上启动浏览器，在地址栏中输入 IP 地址"192.168.0.1"后回车，即可进入设备的 Web 网管登录界面，如图 1.7 所示。

图 1.7

输入缺省用户名"admin"、密码"admin"和验证码，选择 Web 网管的语言种类（目前支持中文和英文两种），单击"登录"按钮即可登录。

注意：

- 在 Web 网管登录界面单击显示的验证码图片，可以刷新得到新的验证码。
- 同时通过 Web 网管登录设备的最大用户数为 5。

2. 创建新的管理员账号

创建管理员账号,步骤如下:

- 在导航栏中选择"系统→管理员→管理员"。
- 单击"新建"按钮,进入如图 1.8 所示的页面。

图 1.8

- 设置管理员账号的用户名和密码。访问级别设置为"超级管理员",服务类型至少勾选"HTTP",加密方式请用户自选。
- 单击"确定"按钮,完成账号创建工作。
- 单击 Web 网管界面右上角的"保存"按钮,如图 1.9 所示,完成保存操作。
- 单击 Web 网管界面右上角的"退出"按钮,退出 Web 网管。

3. 进入 Web 网管界面

登录进入 Web 网管界面,即可进行配置。

Web 网管界面共分为标识和面板区、导航栏、执行区三部分,如图 1.10 所示。

标识和面板区:该区域用来显示公司 Logo、设备名称、功能面板、当前登录用户信息,并提供更改登录用户密码、保存当前配置、退出登录功能。

导航栏:以导航树的形式组织设备的 Web 网管功能菜单。用户在导航栏中可以方便地选择功能菜单,选择结果显示在配置区中。

执行区:进行配置操作、信息查看、操作结果显示的区域。

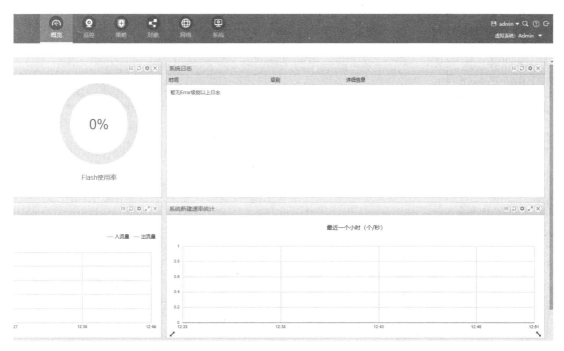

图 1.9

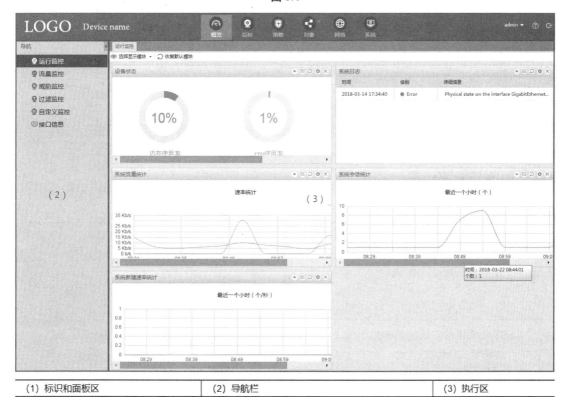

(1) 标识和面板区	(2) 导航栏	(3) 执行区

图 1.10

四、任务小结

本任务是通过 Web 网管登录方式登录防火墙设备,是进行功能配置的前提。

【思考拓展】

(1)除了 Console 登录和 Web 方式登录防火墙,你还可以通过哪些方式登录?

(2)利用 Telnet/SSH 进行远程登录防火墙时,通常需要使用什么工具软件?

(3)如何使用 HCL 模拟器用 CLI 方式登录设备?

【证赛精华】

本项目涉及 H3CNE-Security 认证考试(GB0-510)和全国职业院校技能大赛(信息安全管理与评估)的相关要求:

(1)认证考试点:防火墙基础技术——防火墙应具备的基本功能。

在登录防火墙之前,应该掌握防火墙应具备的基本功能,包括路由交换功能、NAT,了解为什么需要攻击防范、各种攻击的原理和表现方式、在设备上如何配置防攻击、双机热备的原理和工作方式、日志审计等。

(2)竞赛知识点与技能点:

● 网络平台搭建——网络规划;

● 理论技能与职业素养——网络与信息安全理论知识和职业素养。

防火墙作为重要网络安全设备之一,使用之前,必须掌握信息安全与网络基础知识,如 VLSM、CIDR 等网络规划必备知识。

✳ 项目评价

评价维度	评价标准/内容	分值/分	自评(20%)/分	互评(20%)(各成员计算平均分)				师评(60%)/分	得分/分
				成员1/分	成员2/分	成员2/分	平均分/分		
知识	a.防火墙登录方式的理解以及线上平台测验完成情况	15							
	b.防火墙登录管理功能的理解以及线上平台测验完成情况	15							

续表

评价维度	评价标准/内容	分值/分	自评(20%)/分	互评(20%)（各成员计算平均分）				师评(60%)/分	得分/分
				成员1/分	成员2/分	成员3/分	平均分/分		
技能	a.能够通过 Console 口登录防火墙	10							
	b.能够利用 Web 方式登录防火墙	20							
	c.能够创建防火墙的管理员账号	20							
自评素养	a.已增强国家安全意识	2		/	/	/	/	/	
	b.已增强科技强国的责任感和使命感	1		/	/	/	/	/	
	c.已增强网络安全意识	1		/	/	/	/	/	
互评素养	a.踊跃参与,表现积极	1	/					/	
	b.经常鼓励/督促小组其他成员积极参与协作	1	/					/	
	c.能够按时完成工作和学习任务	1	/					/	
	d.对小组贡献突出	1	/					/	
师评素养	a.积极主动参加教学活动	6	/	/	/	/	/		
	b.具有网络安全意识	3	/	/	/	/	/		
	c.遵守操作规范	3	/	/	/	/	/		
综合得分									

问题分析和总结	
学习体会	

组　号		姓　名		教师签名	

11

项目2
配置设备基础设置

党的二十大报告提出："健全网络综合治理体系,推动形成良好网络生态。"新时代新征程,要进一步加强网络空间治理,提高网络综合治理能力,不断提升网络空间治理效能,加快推进我国从网络大国向网络强国迈进。

互联网并非法外之地,法律底线不可逾越。宪法赋予我们言论自由,但是,我们在享有言论自由的同时,不能违反法律,不得损害国家、社会、集体利益和其他公民的合法权利。习近平总书记指出:"网络空间是亿万民众共同的精神家园。网络空间天朗气清、生态良好,符合人民利益。网络空间乌烟瘴气、生态恶化,不符合人民利益。"在人人皆媒体的网络时代,广大网民都应增强法治意识、自律意识和底线意识,对自己的言行负责,共同营造风清气正的网络环境。

学习目标

【知识目标】

(1)了解 UTM 的基本配置方法;

(2)了解 UTM 设备管理配置方法。

【技能目标】

(1)能够对 UTM 进行基本配置;

(2)能够利用 Web 方式登录 UTM 进行设备管理。

【素质目标】

(1)增强法治意识;

(2)增强自律和底线意识;

(3)培养理性思维对待网络舆情;

(4)能通过网络弘扬正能量。

License 注册

演示视频

项目描述

网络安全管理员小王在进行防火墙设备配置前,需通过 Web 方式登录防火墙对其运行模式、密码、服务、IP 地址、安全域等进行基础配置;也需要对配置结果进行保存、备份等基本操作(图 2.1)。

项目组网图

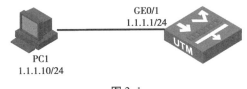

图 2.1

✿ 任务 1　基本配置

一、任务导入

设备的基本配置包括配置设备名称、用户登录的密码、服务管理、接口的 IP 地址、NAT（Network Address Translation，网络地址转换）以及安全域等。目前，设备可以通过 Web 和命令行两种方式完成基本配置。本任务通过设备 Web 自带的向导功能快速完成基本配置。

本任务通过 H3C SecPath F1060 防火墙实现。

二、必备知识

1. 防火墙工作模式

防火墙支持三种工作模式，分别是：

● 交换模式（二层模式）：交换模式的防火墙其实等于从数据链路层开始解析的基于包过滤原理/状态机制的网络级防火墙；如果防护墙支持路由模式，那么就相当于带有加强的过滤规则和状态机制的路由器。

● 路由模式（三层模式）：当防火墙位于内部网络和外部网络之间时，需要将防火墙与内部网络、外部网络以及 DMZ 三个区域相连的接口分别配置成不同网段的 IP 地址，重新规划原有的网络拓扑，此时相当于一台路由器。

● 混合模式：如果防火墙既存在工作在路由模式的接口（接口具有 IP 地址），又存在工作在透明模式的接口（接口无 IP 地址），则防火墙工作在混合模式下。混合模式主要用于透明模式作双机备份的情况，此时启动 VRRP（Virtual Router Redundancy Protocol，虚拟路由冗余协议）功能的接口需要配置 IP 地址，其他接口不配置 IP 地址。

2. 基本配置项

基本配置项如下：

● 设备名称和用户密码：修改系统名称，以及当前用户的登录密码。

● 服务管理：配置 FTP（File Transfer Protocol，文件传输协议）、Telnet、HTTP 和 HTTPS 等服务的启用状态，以及 HTTP 和 HTTPS 服务的端口号。

● 接口 IP 地址：配置三层以太网接口和 VLAN（Virtual Local Area Network，虚拟局域网）接口的 IP 地址。

● NAT：配置接口动态地址转换和内部服务器转换功能及相关参数。

● 安全域:配置安全域后,可以对接口或者 IP 地址进行安全策略的分层控制。

3. 基本信息的详细配置

基本信息的详细配置如表 2.1 所示。

表 2.1　基本信息的详细配置表

配置项	说　明
系统名称	设置设备的系统名称
修改当前用户密码	设置是否修改当前用户的登录密码;
新密码	如果修改当前用户的登录密码,需设置新密码和确认密码,并且输入的新密码
密码确认	和确认密码必须一致
加密方式	设置设备保存用户密码时的加密方式: ● 可逆:设备以可逆的加密算法对用户密码加密后保存; ● 不可逆:设备以不可逆的加密算法对用户加密后保存

4. 服务管理的详细配置

服务管理的详细配置如表 2.2 所示。

表 2.2　服务管理的详细配置表

配置项	说　明
FTP 服务	设置是否在设备上启用 FTP 服务; 缺省情况下,FTP 服务处于关闭状态
Telnet 服务	设置是否在设备上启用 Telnet 服务; 缺省情况下,Telnet 服务处于关闭状态
HTTP 服务	设置是否在设备上启用 HTTP 服务,并设置 HTTP 服务端口号; 缺省情况下,HTTP 服务处于关闭状态。 💡提示: ● 如果当前用户是通过 HTTP 服务登录到 Web,则关闭 HTTP 服务或修改 HTTP 服务端口号将导致与设备的连接中断,请谨慎操作; ● 修改端口号时必须保证该端口号没有被其他服务使用
HTTPS 服务	设置是否在设备上启用 HTTPS 服务,并设置 HTTPS 服务端口号; 缺省情况下,HTTPS 服务处于关闭状态。 💡提示: ● 如果当前用户是通过 HTTPS 服务登录到 Web 的,则关闭 HTTPS 服务或修改 HTTPS 服务端口号将导致与设备的连接中断,请谨慎操作; ● 修改端口号时必须保证该端口号没有被其他服务使用; ● HTTPS 服务所使用的 PKI 域默认为"default",如果该 PKI 域不存在,则在完成配置向导时会提示 PKI 域不存在,但不影响其他配置的执行

5. 接口 IP 地址的详细配置

接口 IP 地址的详细配置如表 2.3 所示。

表 2.3 接口 IP 地址的详细配置表

配置项	说　明	
IP 配置	设置接口获取 IP 地址的方式,包括: ● 无 IP 配置:不指定接口的 IP 地址,接口无 IP 地址; ● 静态地址:手动指定接口的 IP 地址,此时需要为接口指定 IP 地址和网络掩码; ● DHCP:接口通过 DHCP 协议自动获取 IP 地址; ● 保持现有配置:保持接口 IP 地址的现有配置不变	提示: 修改当前接入接口的 IP 地址将导致与设备的连接中断,请谨慎操作
IP 地址	当接口获取 IP 地址的方式为"静态地址"时,设置接口的 IP 地址和网络掩码	
网络掩码		

三、任务实施

1) 配置设备名称

在左侧导航栏中单击"系统→维护→系统信息→设备信息",进入如图 2.2 所示页面。

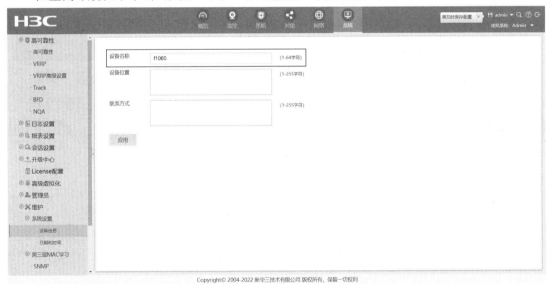

图 2.2

2) 配置用户登录密码

在右上方导航栏中单击 图标,单击"修改密码",进入如图 2.3 所示页面,详细信息参考表 2.1。

3) 服务管理

在左侧导航栏中单击"网络→服务",将 FTP,Telnet,HTTP,HTTPS 服务开启,进入如图 2.4、图 2.5、图 2.6 所示的页面,详细信息参考表 2.2。

图 2.3

图 2.4

图 2.5

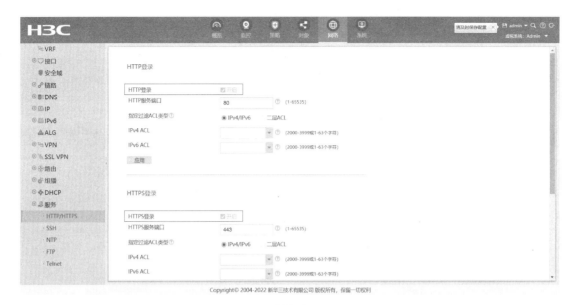

图 2.6

4）配置接口 IP 地址

在左侧导航栏中单击"网络→接口"，进入如图 2.7 所示页面，详细信息参考表 2.3。

	接口	安全域	状态	IP地址	速率（kbps）	工作模式	双工模式	环回检	不受控协议		描述	编辑
									本机接收	本机发起		
	GE1/0/0	Management	Up	192.168.1.1/255.255.25	1000000	三层	全双	未开			GigabitEthernet1/0/0 Interface	
	GE1/0/1		wn	192.168.0.1/255.255.25	1000000	三层	全双	未开			GigabitEthernet1/0/1 Interface	
	GE1/0/2		Down		1000000	三层	全双	未开			GigabitEthernet1/0/2 Interface	
	GE1/0/3		Down		1000000	三层	全双	未开			GigabitEthernet1/0/3 Interface	
	GE1/0/4		Down		1000000	三层	全双	未开			GigabitEthernet1/0/4 Interface	

图 2.7

单击 GE1/0/1 栏中的 ✏ 按钮，进入"接口编辑"界面，如图 2.8 所示。按图设置接口 GE1/0/1，单击"确定"返回"接口管理"界面。

5）接口安全区域配置

单击左侧导航栏"网络→安全域"，进入如图 2.9 所示的配置页面。

单击图 2.9 中 Trust 栏中的 ✏ 按钮，进入"修改安全域"界面。按照图 2.10 所示将接口 GE0/1 加入 Trust 域，单击"确定"返回"安全域"界面。

四、任务小结

安全设备的基本信息配置是进行功能配置的前提，在完成设备的基本配置后，还需要对设备进行配置管理来保障设备日常运行。

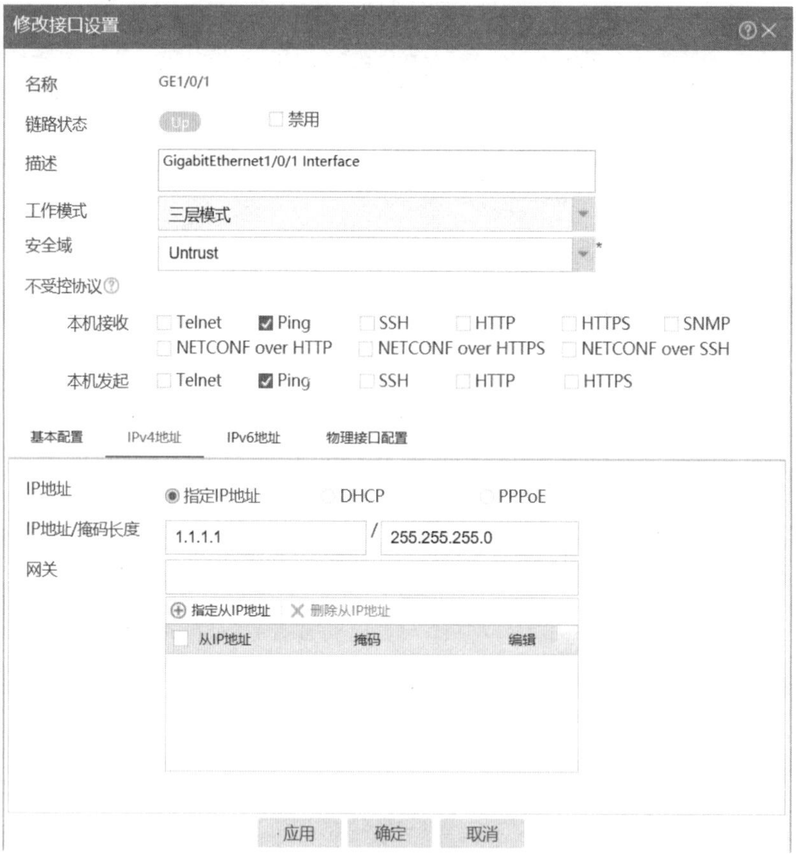
修改接口设置
名称 GE1/0/1
链路状态 up 禁用
描述 GigabitEthernet1/0/1 Interface
工作模式 三层模式
安全域 Untrust
不受控协议
本机接收 Telnet Ping SSH HTTP HTTPS SNMP NETCONF over HTTP NETCONF over HTTPS NETCONF over SSH
本机发起 Telnet Ping SSH HTTP HTTPS
基本配置 IPv4地址 IPv6地址 物理接口配置
IP地址 指定IP地址 DHCP PPPoE
IP地址/掩码长度 1.1.1.1 / 255.255.255.0
网关
指定从IP地址 删除从IP地址
从IP地址 掩码 编辑
应用 确定 取消

图 2.8

新建 删除 按页面显示导出 刷新 请输入要查询的信息 查询 高级查询
安全域名称 成员个数 成员列表 编辑
Local --
Trust 1 GE1/0/2
DMZ 0
Untrust 1 GE1/0/1
Management 1 GE1/0/0

图 2.9

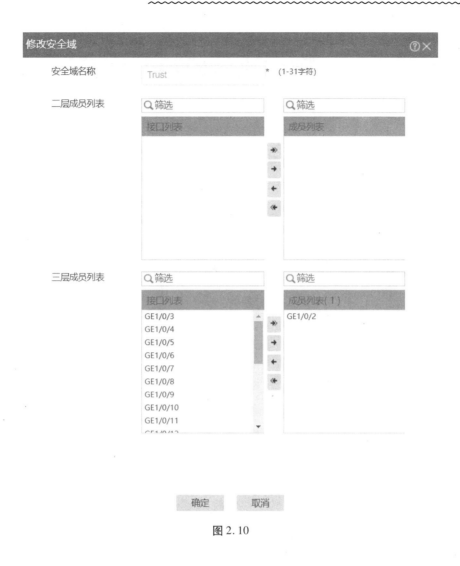

图 2.10

任务 2   配置管理

一、任务导入

由于设备故障、掉电等多种原因,需要对设备进行备份与恢复,以便重启时能够快速地恢复设备配置信息。

本任务通过 H3C SecPath F1060 防火墙实现。

二、必备知识

设备重启

设备运行出现故障时,用户可以根据实际情况,通过重启设备排除故障;用户要对设备的系统软件进行升级时,也需要重启设备使新版本的启动文件生效。

设备重启的方式有以下 3 种：

●通过断电后重新上电立即重启。该重启方式又称为硬件重启或者冷启动，对设备影响较大，如果对运行中的设备进行强制断电，可能会导致数据丢失。一般情况下，建议不使用这种重启方式。

●通过 Web/命令行立即重启。该重启方式又称为热启动，主要用于远程维护时，可以远程重启设备，而不需要到设备所在地进行断电/供电重启。

●通过命令行定时重启。该重启方式下，用户可以设置一个时间点，让设备在该时间点自动重启，或者设置一个时延，让设备经过指定时间后自动重启。

三、任务实施

1.配置管理

1）配置保存

单击"系统→维护→配置文件"，在"配置文件"界面单击"保存当前配置"按钮，即可将当前的配置信息保存，页面提示设备正在保存当前配置，如图 2.11 所示。

图 2.11

2）配置备份

单击"系统→维护→配置文件"，在"配置文件"界面单击"备份当前配置"按钮，如图 2.12 所示。

图 2.12

在弹出的对话框中选择保存的路径，输入文件名保存即可。

3）配置恢复

单击"系统→维护→配置文件"，在"配置文件"界面单击"导入配置"按钮，选择备份文件，如图 2.13 所示。

4）恢复出厂配置

单击"系统→维护→配置文件"，在"配置文件"界面单击"恢复出厂配置"按钮，如图 2.14 所示。

图 2.13　　　　　　　　　　　　　　　　　　　　图 2.14

5）软件升级

单击"系统→升级中心→软件更新"，在"软件更新"页面单击"立即升级"按钮，选择升级版本的路径，单击"确定"按钮，如图 2.15 所示。

图 2.15

6）设备重启

单击"系统→维护→重启"，在"重启"界面单击"确定"按钮，如图 2.16 所示。

图 2.16

21

2. 验证结果

1）配置保存

保存系统的当前配置信息后,重启设备,配置信息不会丢失。加密保存配置文件时,导出配置文件,查看配置信息显示密文。

2）配置备份

将当前保存的配置文件备份到 PC 或其他存储介质中。

3）配置恢复

导入配置文件后,Web 界面会提示配置导入成功。设备重启后,配置信息与导入的配置文件信息一致。

4）恢复出厂配置

系统会自动重启,将删除当前的配置信息,恢复到出厂时的默认配置。

5）软件升级

软件升级过程中会显示系统正在升级。如果选择"软件升级成功之后,直接重启设备",升级成功后系统会自动重启,否则需要手动重启设备。

6）设备重启

单击"确定"按钮后,设备会自动重启。选择"检查当前配置是否保存到下次启动配置文件中"选项,单击"确定"按钮。如果当前配置没有保存,系统会给出提示信息,不会自动重启。

四、任务小结

本任务通过 Web 登录方式登录 H3C SecPath F1060 防火墙进行配置管理,可以对设备配置结果进行保存、备份、恢复等操作,还可以进行软件升级、设备重启等操作。这是后续配置防火墙功能的基础。

【思考拓展】

（1）License 的获取途径有哪些?

（2）使用 HCL 模拟防火墙的基础配置。

【证赛精华】

本项目涉及 H3CNE-Security 认证考试(GB0-510)和全国职业院校技能大赛(信息安全管理与评估)的相关要求:

（1）认证考试点:防火墙基础技术——防火墙的组网方式。

防火墙的组网必备知识及技能包括二层模式的原理、三层模式的原理、防火墙的管理、配置防火墙的管理、文件管理、升级、License 管理、防火墙基本配置流程等。

（2）竞赛知识点与技能点:网络平台搭建——基础网络。

防火墙作为重要的网络设备,必须掌握基础网络的配置管理,包括 VLAN、WLAN、STP、SVI、RIPv2、OSPF、BGP、IPv6、组播等。

✳ 项目评价

评价维度	评价标准/内容	分值/分	自评(20%)/分	互评(20%)（各成员计算平均分）				师评(60%)/分	得分/分
				成员1/分	成员2/分	成员3/分	平均分/分		
知识	防火墙的基本配置方法的理解以及线上平台测验完成情况	30							
技能	a. 能够对防火墙进行基本配置	25							
	b. 能够利用 Web 方式登录防火墙进行设备管理	25							
自评素养	a. 已增强法治意识和底线意识	2		/	/	/	/		
	b. 能够理性对待网络舆情	1		/	/	/	/		
	c. 已提高网络文明素养	1		/	/	/	/		
互评素养	a. 踊跃参与,表现积极	1	/					/	
	b. 经常鼓励/督促小组其他成员积极参与协作	1	/					/	
	c. 能够按时完成工作和学习任务	1	/					/	
	d. 对小组贡献突出	1	/					/	
师评素养	a. 积极主动参加教学活动	6	/	/	/	/	/		
	b. 具有网络安全意识	3	/	/	/	/	/		
	c. 遵守操作规范	3	/	/	/	/	/		
综合得分									
问题分析和总结									

续表

学习体会	
组　号		姓　名		教师签名	

项目3
配置访问控制功能

党的二十大报告提出:"加快建设制造强国、质量强国、航天强国、交通强国、网络强国、数字中国。"网络强国建设承载着以习近平同志为核心的党中央的深切关怀和殷切期望。习近平总书记强调,要站在实现"两个一百年"奋斗目标和中华民族伟大复兴中国梦的高度,加快推进网络强国建设,向着网络基础设施基本普及、自主创新能力显著增强、数字经济全面发展、网络安全保障有力、网络攻防实力均衡的方向不断前进。

学习目标

【知识目标】
(1)了解 UTM 的基本访问配置方法;
(2)了解 UTM 的访问控制策略实现方式。

【技能目标】
(1)能够对 UTM 进行安全策略的配置;
(2)能够对 UTM 进行安全策略组的配置。

【素质目标】
(1)培养中华民族共同体意识;
(2)培养网络安全意识;
(3)培养科技强国的责任感和使命感。

安全策略典型配置
举例 演示视频

禁用控制端口 　　硬件防火墙配置

项目描述

网络安全管理员小王经常会针对防火墙进行访问控制的配置。一种情况是针对内部网络访问互联网 Internet 的基于时间段的访问控制,如图 3.1 所示。另一种情况是内部网络中的 PC 机对数据中心的服务器 Server 的访问控制,如图 3.2 所示。

项目组网图

图 3.1

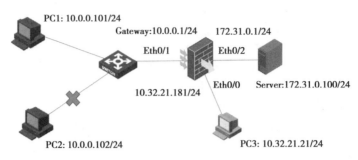

图 3.2

任务 1　基于时间段的访问控制

一、任务导入

如图 3.1 所示,内部网络通过 PC 与 Internet 互联。内部网络属于 Trust 安全域,外部网络属于 Untrust 安全域。要求正确配置访问控制策略,允许内部主机 Public(IP 地址为 10.1.1.12/24)在任何时候访问外部网络;禁止内部其他主机在上班时间(周一至周五的 8:00—18:00)访问外部网络。

本任务通过 H3C SecPath F1060 防火墙实现。

二、必备知识

1. 安全策略

安全策略通过指定源/目的安全域、源 IP/MAC 地址、目的 IP 地址、服务、应用、终端、用户和时间段等过滤条件匹配出特定的报文,并根据预先设定的策略动作对此报文进行处理;若报文未匹配上任何策略,则丢弃。当安全策略中未配置过滤条件时,则该策略将匹配所有报文。

2. 安全策略规则

安全策略中可同时配置多种过滤条件,具体包括源安全域、目的安全域、源 IP/MAC 地址、目的 IP 地址、用户、应用、终端、服务和时间段等。一条策略匹配成功的条件是:策略中已配置的所有过滤条件必须均匹配成功。

一类过滤条件中可以配置多个匹配项,比如一类过滤条件中可以指定多个目的安全域。一类过滤条件被匹配成功的条件是:过滤条件的任何一个匹配项被匹配成功。

3. 时间段资源

时间段资源用来定义时间段信息,并可以被 ACL(Access Control List,访问控制列表)、安全策略等模块引用,以设置该访问控制列表中的某条规则在指定时间段定义的范围内有效。

时间段可分为以下两种类型:

• 周期时间段:以一周为周期(如每周一的 8:00—12:00)循环生效的时间段。

• 绝对时间段:在指定时间范围内(如 2023 年 1 月 1 日 8:00—2023 年 1 月 3 日 8:00)生效的时间段。

三、任务实施

1.基本配置

(1)配置接口 GE1/0/1、GE1/0/2 地址。在上方导航栏选择"网络",单击左侧导航栏"接口",再次选择"接口",如图 3.3 所示。

图 3.3

(2)单击 GE1/0/2 栏中的 ✎ 按钮,进入"接口编辑"界面。单击"ipv4",输入 IP 地址。按照图 3.4 所示设置接口 GE1/0/2,单击"确定"返回"接口管理"界面(图 3.5)。

图 3.4

2.配置管理

接口 GE1/0/2 加入 Trust 区域。

单击左侧导航栏"接口→安全域",呈现如图 3.6 所示的界面。

图 3.5

图 3.6

单击 Trust 栏中的 按钮,进入"修改安全域"界面。按照如图 3.7 所示将接口 GE1/0/2 加入 Trust 域,单击"确定"按钮完成配置。

3.配置时间段

配置上班时间段(周一至周五的 8:00—18:00)。

在导航栏中单击"对象→对象组→时间段",单击"新建"按钮,进行如图 3.8 所示的配置。

输入名称"worktime";选中"周期时间段→新建",设置开始时间为"8:00";设置结束时间为"18:00";勾选"周一""周二""周三""周四""周五",单击"确定"按钮完成操作。

4.配置地址对象

配置 IP 地址资源 public。

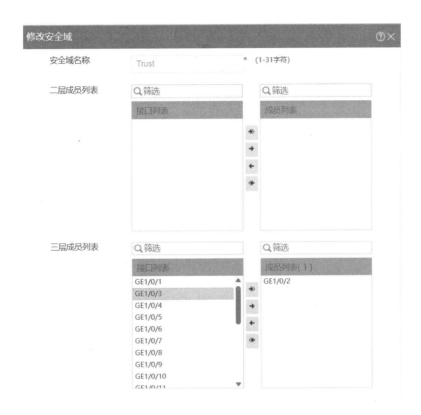

图 3.7

图 3.8

在导航栏中选择"对象",左侧导航栏选择"对象组→ipv4 对象组",单击"新建"按钮进行如图 3.9 所示的配置。

图 3.9

单击"添加"按钮,输入对象组名称"public","对象"选择"主机 IP 地址",输入 IP 地址"10.1.1.12",单击"添加"按钮将其添加到 IP 地址列表框中。单击"确定"按钮完成操作。

5. 配置安全策略

1)配置允许主机 Public 在任何时候访问外部网络的域间策略规则

在上方导航栏中单击"策略",在左侧导航栏选择"安全策略→安全策略",单击"新建"按钮,进行如图 3.10、图 3.11 所示的配置。

图 3.10

将源域设置为"Trust",目的域设置为"Untrust",源 IP 地址选择"public",操作动作选择"允许",勾选"开启 Syslog 日志功能",勾选"启用规则",单击"确定"按钮完成操作。

2)配置禁止其他主机在上班时间访问外部网络的安全策略规则

完成上述配置后,页面自动跳转至"新建安全策略规则"的配置页面,源域和目的域保持之前的选择不变,进行如图 3.12、图 3.13 所示的配置。

修改安全策略			?×
常规配置	时间段	Any	▲
源IP/MAC地址	VRF	公网	

操作

动作	● 允许	○ 拒绝
Web应用防护配置文件	--NONE--	
入侵防御配置文件	--NONE--	
数据过滤配置文件	--NONE--	
文件过滤配置文件	--NONE--	
防病毒配置文件	--NONE--	
URL过滤配置文件	--NONE--	
APT防御策略	--NONE--	
记录日志	● 开启	○ 关闭
开启策略匹配统计	□ 启用	
会话老化时间	□ 启用	
长连接老化时间 ⑦	□ 启用	
启用策略	● 开启	○ 关闭
策略冗余分析 ⑦	□	

确定　取消

图 3.11

新建安全策略			?×
常规配置		源IP/MAC地址	▲
源IP/MAC地址	源安全域	Trust	[多选]
目的IP地址	地址对象组	public	
服务	IPv4地址 ⑦		
应用与用户		目的IP地址	
操作	目的安全域	Untrust	[多选]
	地址对象组	请选择或输入对象组	
	IPv4地址 ⑦		
		服务	
	服务对象组	请选择服务	[多选]
	协议/端口号	请添加协议和端口号	
		应用与用户	
	应用	请选择应用	[多选] ▼

确定　取消

图 3.12

图 3.13

过滤动作选"Deny",时间段选"worktime",勾选"开启 Syslog 日志功能",勾选"启用规则"复选框,单击"确定"按钮完成操作。

6. 验证结果

1)内部主机 Public 在上班时间访问外部网络

内部主机 Public 在上班时间访问外部网络,允许访问。在上方导航栏中选择"策略",左侧导航栏选择"监控→安全日志→安全策略日志",可以看到安全策略日志,动作为允许,如图3.14 所示。

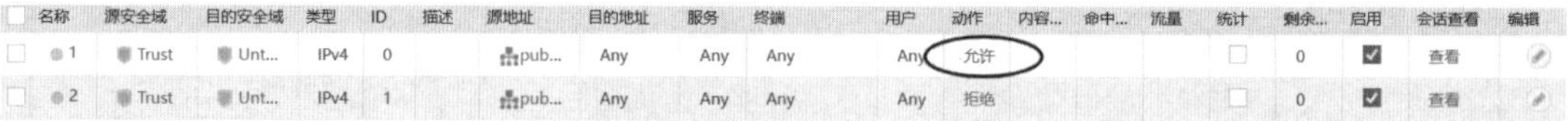

图 3.14

2)其他内部主机在上班时间访问外部网络

其他内部主机,如 IP 地址为 10.1.1.13/24 的主机,在上班时间访问外部网络时,访问被拒绝。在上方导航栏中选择"策略",左侧导航栏选择"安全策略→安全策略",可以看到安全策略日志,动作为拒绝,如图 3.15 所示。

图 3.15

四、任务小结

本任务完成了某个时间段内部网络主机对外部网络的访问控制。验证结果证明配置过程正确有效。

✳ 任务 2　安全策略

一、任务导入

如图 3.2 所示,两台 PC 机模拟客户端,地址分别为 10.0.0.101 和 10.0.0.102,通过 S3600 交换机作二层转发,网关配置在防火墙 F100A 的 GE0/0 口,地址为 10.0.0.1,服务器连接在防火墙 F100A 的 GE0/1 口,防火墙接口地址为 172.31.0.1,服务器地址为 172.31.0.100。

通过 PC3 采用 Web 方式对 SecPath 防火墙进行配置,对访问服务器的客户端进行控制,允许 PC1 访问服务器提供的服务,禁止 PC2 对服务器进行访问。

本任务通过 H3C SecPath F1060 防火墙实现。

二、必备知识

1. 安全策略规则的编号

一个设备中可以配置多个安全策略,每个安全策略都拥有唯一的编号以便区分,此编号在创建规则时由用户手工指定或由系统自动分配。在自动分配编号时,系统会将安全策略中已使用的最大编号加 1 作为新的编号,若新编号超出了编号上限(65534),则选择当前未使用的最小编号作为新的编号。

2. 安全策略的匹配顺序

设备上可以配置多个安全策略,设备缺省按照策略的创建顺序对报文进行匹配,先创建的先匹配。因此,首先需要将规划的所有策略按照"深度优先"的原则(即控制范围小的、条件细化的在前,范围大的在后)进行排序,然后按照此顺序配置每一个安全策略。

三、任务实施

1. 防火墙接口及安全区域基本配置

1)连接防火墙各端口

对防火墙接口进行连线,GE1/0/0 接口为管理机访问接口,GE1/0/1 接口连接 PC1 所在安全域 Untrust,GE1/0/2 接口连接服务器所在安全域 Trust,如图 3.16 所示。

2)防火墙安全区域配置

单击上方导航栏"网络",在左侧导航栏选择"安全域",编辑各管理域所对应的接口。管理域 Management 对应 GE1/0/0,接口地址为 Web 网管,登录访问地址:10.32.21.181,安全域 Untrust 对应 GE1/0/1,安全域 Trust 对应 GE1/0/2,如图 3.17 所示。

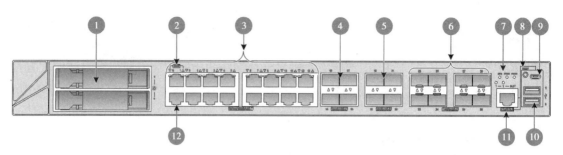

图 3.16

1：硬盘扩展插槽	2：管理以太网口（1/MGMT）
3：10/100/1000BASE-T以太网电口	4：1000BASE-X以太网光口
5：10GBASE-R以太网光口	6：1000BASE-X以太网光口
7：设备指示灯	8：RESET按钮（仅重启设备，不会恢复默认出厂配置）
9：Micro USB Console口	10：USB口
11：Console口	12：管理以太网口（0/MGMT）

图 3.16

图 3.17

配置完成后如图 3.18 所示。

图 3.18

3）防火墙接口地址配置

单击上方导航栏"网络"，在左侧导航栏中选择"接口→接口"，配置每个接口 IP 地址，配置完成后如图 3.19 所示。

图 3.19

4）防火墙安全策略配置

在上方导航栏中选择"策略"，在左侧导航栏单击"安全策略→安全策略"，新建规则，如图 3.20、图 3.21 所示，可实现 PC1 访问 Sever。

修改安全策略

常规配置	类型	◉ IPv4	IPv6
源IP/MAC地址	所属策略组	请选择策略组	
目的IP地址	描述信息		(1-127字符)
服务			
应用与用户	源IP/MAC地址		
操作	源安全域	Untrust	[多选]
	地址对象组	10.0.0.101	
	IPv4地址		

目的IP地址

	目的安全域	Trust	[多选]
	地址对象组	172.31.0.100	
	IPv4地址		

服务

确定　　取消

图 3.20

图 3.21

在上方导航栏中选择"策略",在左侧导航栏单击"安全策略→安全策略",新建规则,如图 3.22、图 3.23 所示,可实现 PC2 不能访问 Sever。

图 3.22

图 3.23

配置完成后保存,域间策略有了如图 3.24 所示的两条规则。

名称	源安全域	目的安全域	类型	ID	描述	源地址	目的地址	服务	终端	用户	动作	内容	命中	流量	统计	剩余	启用	会话查看	编辑
1	Unt...	Trust	IPv4	0		10.0...	172...	Any	Any		Any	允许					0	☑	查看	
2	Unt...	Trust	IPv4	1		10.0...	172...	Any	Any		Any	拒绝					0	☑	查看	

图 3.24

5)S3600 交换机配置

在本项目中,S3600 作二层交换机,使用交换机默认的 VLAN1 即可满足 PC 间,PC 与防火墙间的二层通信。以 PC1、PC2、防火墙与 S3600 交换机的 1、2、3 号端口相连。

#vlan 1

#interface Ethernet 1/0/1

#interface Ethernet 1/0/2

#interface Ethernet 1/0/3

6)PC 及服务器地址和网关配置

请参考组网图 3.1 配置 PC 及服务器 IP 地址,如图 3.25 所示。

2. 验证

(1)关闭 Windows 自带的防火墙,如图 3.26 所示。

(2)在 PC1:10.0.0.101/24 上 Ping 服务器:172.31.0.100/24,得到如图 3.27 所示的结果,表明 PC1 可以访问服务器。

(3)在 PC2:10.0.0.102/24 上 Ping 服务器:172.31.0.100/24,得到如图 3.28 所示的结果,表明 PC2 不可以访问服务器。

由此可以看出,安全策略配置成功。

图 3.25

图 3.26

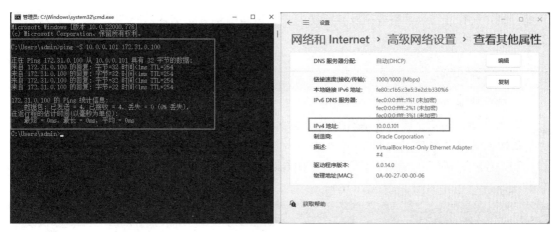

图 3.27

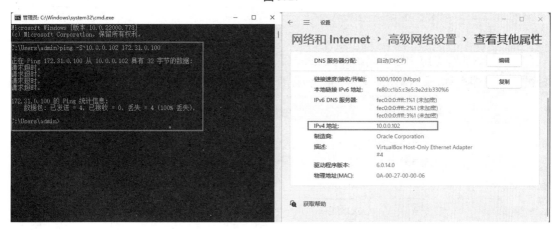

图 3.28

四、任务小结

本任务中,通过设定安全策略的访问控制规则,可以实现对同一网络的不同计算机的访问控制,即 PC1 可以访问服务器,PC2 不可以访问服务器。

☸ 任务 3　安全策略组

一、任务导入

当设备上安全策略较多时,可通过配置安全策略组的方式实现同时对多个安全策略进行批量操作。安全策略组需要引用一个或多个安全策略。

本任务通过 H3C SecPath F1060 防火墙实现。

二、必备知识

安全策略组可以实现对安全策略规则的批量操作,例如批量启用、禁用、删除和移动安全策略规则。只有当安全策略规则及其所属的安全策略组均处于启用状态时,安全策略规则才能生效。

三、任务实施

1. 防火墙接口及安全区域基本配置

防火墙接口及安全区域的基本配置同本项目任务 2,此处不再赘述。

2. 安全策略组配置

(1)在上方导航栏中选择"策略",在左侧导航栏选择"安全策略→安全策略",单击"新建→新建策略组",建立如图 3.29 所示规则。

图 3.29

(2)在新建策略组中输入名称为"Public",类型选择"IPv4",开始及结束策略选择已创建好的安全策略名称,最后单击"确定"完成创建,如图 3.30、图 3.31 所示。

图 3.30

图 3.31

3. 验证

参考本项目任务 2 安全策略的验证方法。

四、任务小结

本任务通过安全策略组实现同时对多条安全策略进行批量操作,能够更加方便、高效地对策略进行维护。

【思考拓展】

(1)安全域与接口关系如何?

(2)如何使用 HCL 模拟防火墙的安全策略配置?

【证赛精华】

本项目涉及 H3CNE-Security 认证考试(GB0-510)和全国职业院校技能大赛(信息安全管理与评估)的相关要求:

(1)认证考试点:防火墙安全策略。

内容包括:包过滤技术、安全域、防火墙转发原理、防火墙安全策略。

(2)竞赛知识点与技能点:网络安全设备配置与防护——访问控制。

内容包括:实现包过滤、状态化包过滤、基于 IP、协议、自定义数据流和时间等方式的带宽控制、QoS 策略以及安全策略的应用等。

❄ 项目评价

评价维度	评价标准/内容	分值/分	自评(20%)/分	互评(20%)(各成员计算平均分)				师评(60%)/分	得分/分
				成员1/分	成员2/分	成员3/分	平均分/分		
知识	a.防火墙的基本访问配置方法的理解以及线上平台测验完成情况	15							
	b.防火墙的访问控制策略实现方式的理解以及线上平台测验完成情况	15							
技能	a.能够对防火墙进行安全策略的配置	25							
	b.能够对防火墙进行安全策略组的配置	25							
自评素养	a.已增强中华民族共同体意识	2		/	/	/	/	/	
	b.已增强网络安全意识	1		/	/	/	/	/	
	c.已增强科技强国的责任感和使命感	1		/	/	/	/	/	

续表

评价维度	评价标准/内容	分值/分	自评(20%)/分	互评(20%)（各成员计算平均分）				师评(60%)/分	得分/分
				成员1/分	成员2/分	成员3/分	平均分/分		
互评素养	a.踊跃参与,表现积极	1	/					/	
	b.经常鼓励/督促小组其他成员积极参与协作	1	/					/	
	c.能够按时完成工作和学习任务	1	/					/	
	d.对小组贡献突出	1	/					/	
师评素养	a.积极主动参加教学活动	6	/	/	/	/	/		
	b.具有网络安全意识	3	/	/	/	/	/		
	c.遵守纪律	3	/	/	/	/	/		
综合得分									
问题分析和总结									
学习体会									
组　号			姓　名			教师签名			

项目4

配置NAT功能

创新不辍,"网络超人"守护数字中国

随着网络环境日趋复杂,大数据、云计算、移动互联网等新兴技术已在各行业得到广泛应用,但新技术的应用也带来了新的安全威胁。为更好满足日益增长的安全需求,中国移动广东公司黄昭文一直奋战在科研攻关和网络运维一线,黄昭文自主研发"网络安全机器人",在行业内首创超大规模网络安全服务、安全智能化技术、安全一点接入技术,基于自有的面向5G新一代超大规模网络基础设施,实现以网络安全防护、监测、处置为一体的在线安全服务系统,具备自动化安全扫描、网页防篡改、入侵检测、敏感数据识别等功能。通过这个创新成果,客户不需要对现有业务流程和环境进行改造,即可使用各项服务,最快在1天内就可以完成原来需要30天才能完成的安全评估工作。如今,该成果已广泛应用于5G网络、边缘云、接入层、互联网等多个领域,每天对全网网络设备完成超过10亿次安全检测,安全服务效率提高90%以上。

网络是通信企业的生命线。作为通信网络工程师,黄昭文一直专注守护这条生命线,新时代新征程,黄昭文将努力发扬大国工匠精神,不忘初心、牢记使命,以实际行动为建设网络强国、数字中国添砖加瓦、贡献力量!

学习目标

【知识目标】

(1)了解防火墙的 NAT 特点;

(2)掌握防火墙的 NAT 配置方法;

(3)区分动态 NAT 和静态 NAT 的使用特点。

【技能目标】

(1)能够对防火墙进行动态 NAT 的配置;

(2)能够对防火墙进行静态 NAT 的配置;

(3)能够对防火墙进行"内部服务器"NAT 的配置。

【素质目标】

(1)培养科技创新意识;

(2)培养网络安全意识;

(3)培养大国工匠精神。

NAT 典型配置举例
演示视频

配置 ACL

设备 ACL

项目描述

网络安全管理员小王经常针对防火墙进行 NAT 配置。如图 4.1 所示,PC1 位于内部网络,地址为 2.1.1.10/24,PC2 在公网,地址为 1.1.1.100/24,可以在防火墙上通过不同的 NAT 策略实现 PC1 对 PC2 的访问。

项目组网图

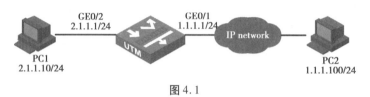

图 4.1

🌟 任务 1 配置动态 NAT

一、任务导入

PC1 所位于的内部网络计算机数量众多,要访问 PC2 所在地的外部网络,需要通过动态 NAT 才能很好地解决公网地址紧缺的问题。

本任务通过 H3C SecPath F1060 防火墙实现。

二、必备知识

1. NAT

NAT 是将 IP 数据报文头中的 IP 地址转换为另一个 IP 地址的过程。在实际应用中,NAT 主要用于私有网络访问公共网络。这种通过使用少量的公网 IP 地址代表较多的私网 IP 地址的方式,有助于减缓可用 IP 地址空间的枯竭。

2. 公网 IP 地址

公网 IP 地址是因特网上全球唯一的 IP 地址。

3. 私网 IP 地址

私网 IP 地址是内部网络或主机的 IP 地址。RFC1918 为私有网络预留出了 3 个 IP 地址块,如下:

- A 类:10.0.0.0 ~ 10.255.255.255;
- B 类:172.16.0.0 ~ 172.31.255.255;
- C 类:192.168.0.0 ~ 192.168.255.255。

💡 注意:上述 3 个范围内的地址不会在因特网上被分配,因此,可以不必向 ISP 或注册中心申请而在公司或企业内部自由使用。

4. 地址池

地址池是一些用于地址转换的连续的公网 IP 地址的集合,它可以有效地控制公网地址的使用。

用户可根据自己拥有的合法 IP 地址数目、内部网络主机数目以及实际应用情况,定义合适的地址池。在地址转换的过程中,NAT 设备将会从地址池中挑选一个 IP 地址作为数据报文转换后的源 IP 地址。

5. 地址转换控制

设备可以利用 ACL 和地址池对地址转换进行控制。

ACL 可以有效地控制地址转换的使用范围,只有满足访问控制列表规则的数据报文才可以进行地址转换。

6. NAPT

NAPT(Network Address Port Translation,网络地址端口转换)是基本地址转换的一种变形,原理如图 4.2 所示,它允许多个内部地址映射到同一个公有地址上,也可称为"多对一地址转换"。

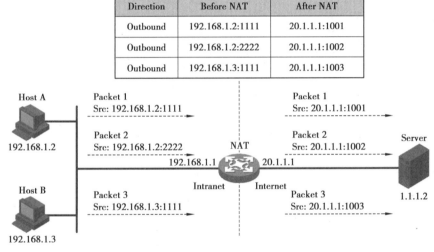

Direction	Before NAT	After NAT
Outbound	192.168.1.2:1111	20.1.1.1:1001
Outbound	192.168.1.2:2222	20.1.1.1:1002
Outbound	192.168.1.3:1111	20.1.1.1:1003

图 4.2

NAPT 同时映射 IP 地址和端口号:来自不同内部地址的数据报文的源地址可以映射到同一外部地址,但它们的端口号被转换为该地址的不同端口号,因而仍然能够共享同一地址,也就是"私网 IP 地址+端口号"与"公网 IP 地址+端口号"之间的转换。

7. 动态地址转换

外部网络和内部网络之间的地址映射关系由报文动态决定。通过配置访问控制列表和地址池(或接口地址),由"具有某些特征的 IP 报文"挑选使用"地址池中地址(或接口地址)",从而建立动态地址映射关系,适用于内部网络有大量用户需要访问外部网络的需求。这种情况下,关联中指定的地址池资源由内网报文按需从中选择使用,访问外网的会话结束后该资源便释放给其他用户。

8. PAT

NPAT 表示 NAPT 方式,将 ACL 和 NAT 地址池关联,同时转换数据包的 IP 地址和端口信息。

9. No-PAT

No-PAT 表示多对多地址转换方式,将 ACL 和 NAT 地址池关联,只转换数据包的 IP 地址,不使用端口信息。

10. Easy IP

Easy IP 表示 Easy IP 方式,直接使用接口的 IP 地址作为转换后的地址,利用 ACL 控制地址进行地址转换。

11. 新建动态地址转换的详细配置项

新建动态地址转换的详细配置项如表4.1 所示。

表4.1　新建动态地址转换的详细配置项

配置项	说　明
接口	设置要配置动态地址转换的接口
ACL	设置动态地址转换策略中的 ACL ID; 不能将同一个 ACL 与不同的 NAT 地址池关联,且同一个 ACL 不能既与某个 NAT 地址池关联,又配置为 Easy IP 方式。 💡提示: 某些设备上的关联 ACL 配置需遵循限制:同一接口下引用的 ACL 中所定义的规则之间不允许冲突,源 IP 地址信息、目的 IP 地址信息以及 VPN 实例信息完全相同即认为冲突;对于关联基本 ACL(ACL 序号为 2000 ~ 2999) 的情况,只要源地址信息、VPN 实例信息相同即认为冲突
地址转换方式	设置地址转换的方式: • PAT:对于匹配转换规则的报文,使用地址组中的地址或该接口的地址进行源地址转换,同时转换源端口; • NO-PAT:对于匹配转换规则的报文,使用地址组中的地址进行源地址转换,但不转换源端口。 同一个地址池只能配置一种地址转换方式
地址池索引	设置动态地址转换策略中的 NAT 地址池的地址池索引; 可输入的地址池索引必须通过先配置 NAT 地址池配置; 当地址转换方式选择为"Easy IP"时,不需设置地址池索引
外部 VPN 实例	设置外部地址(地址池)所属的 VPN 实例名称
开启 VRRP 关联	设置是否将该接口动态地址转换与 VRRP 备份组相关联,并指定所关联的 VRRP 备份组;
关联的 VRRP 组	当网络中有两台设备同时完成双机热备和动态地址转换功能时: • 需要保证同一个接口下的相同地址池所关联的 VRRP 组相同,否则系统默认该地址池与组号最大的 VRRP 组进行关联; • 需要为两台设备配置相同的 VRRP 备份组,同时将动态地址转换策略与该 VRRP 备份组相关联,以保证双机热备业务的正常切换
端口保持	设置地址转换时是否保持源端口信息

三、任务实施

1. 基本配置

1）接口安全区域配置

单击左侧导航栏"网络→安全域"，如图 4.3 所示。

图 4.3

单击 Trust 栏中的✎按钮，进入"修改安全域"界面。按照图 4.4 所示将接口 GE0/2 加入 Trust 域，单击"确定"返回"安全域"界面。

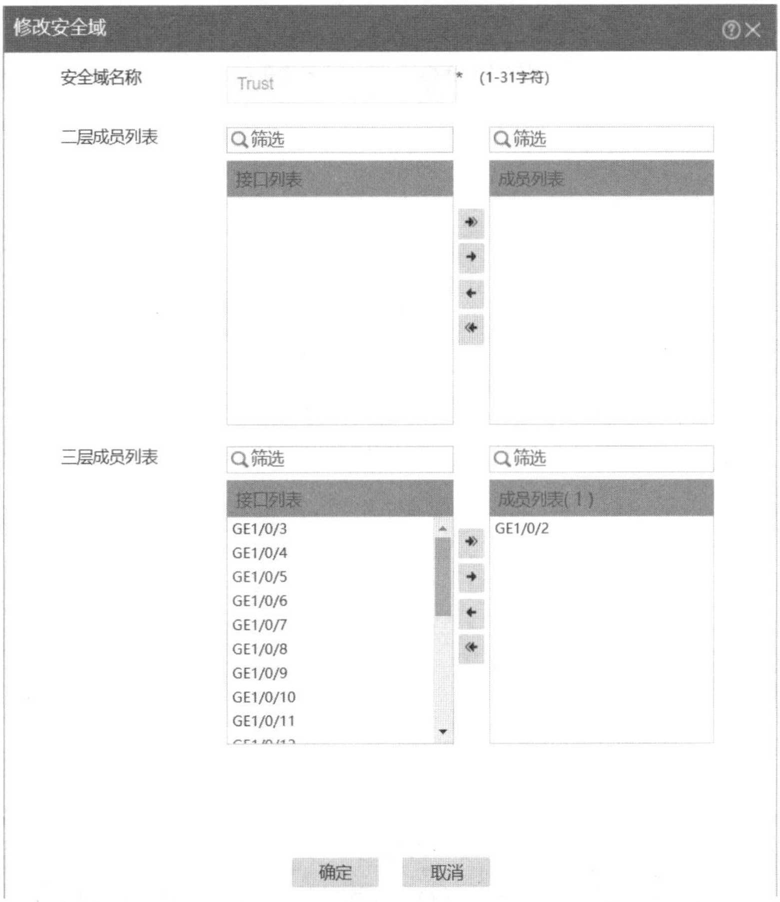

图 4.4

按照同样的操作，将 GE1/0/1 接口加入 Untrust 域。

2）配置接口 IP 地址

在左侧导航栏中单击"网络→接口"，如图 4.5 所示。

图 4.5

单击 GE0/1 栏中的 按钮，进入"接口"界面。按照如图 4.6 所示设置接口 GE1/0/1，单击"确定"返回"接口管理"界面。

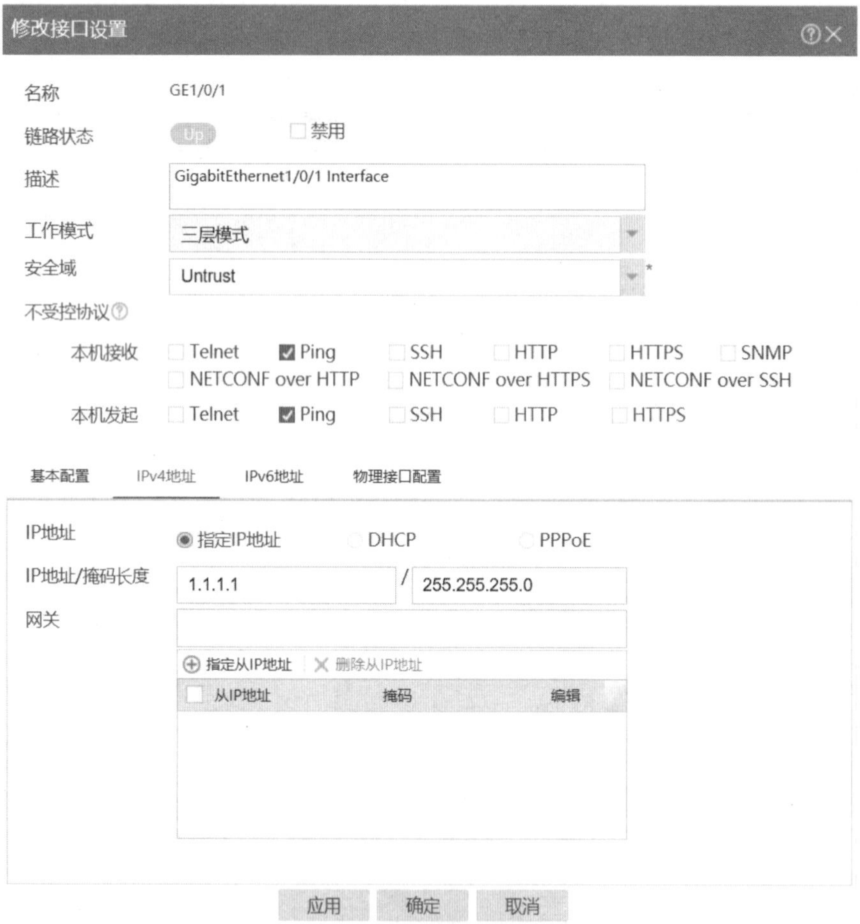

修改接口设置

名称	GE1/0/1
链路状态	Up ☐ 禁用
描述	GigabitEthernet1/0/1 Interface
工作模式	三层模式
安全域	Untrust *

不受控协议 ⑦

本机接收　☐ Telnet　☑ Ping　☐ SSH　☐ HTTP　☐ HTTPS　☐ SNMP
　　　　　☐ NETCONF over HTTP　☐ NETCONF over HTTPS　☐ NETCONF over SSH

本机发起　☐ Telnet　☑ Ping　☐ SSH　☐ HTTP　☐ HTTPS

基本配置　IPv4地址　IPv6地址　物理接口配置

IP地址	● 指定IP地址　○ DHCP　○ PPPoE
IP地址/掩码长度	1.1.1.1 / 255.255.255.0
网关	

⊕ 指定从IP地址　✕ 删除从IP地址

☐ 从IP地址	掩码	编辑

应用　确定　取消

图 4.6

单击 GE1/0/2 栏中的 按钮，进入"接口编辑"界面。按照如图 4.7 所示设置接口 GE1/0/2，单击"确定"按钮返回"接口"界面。

3）配置 ACL

在左侧导航栏中单击"对象→ACL"，单击页面的"新建"按钮，创建 ACL2000，如图 4.8 所示。

图 4.7

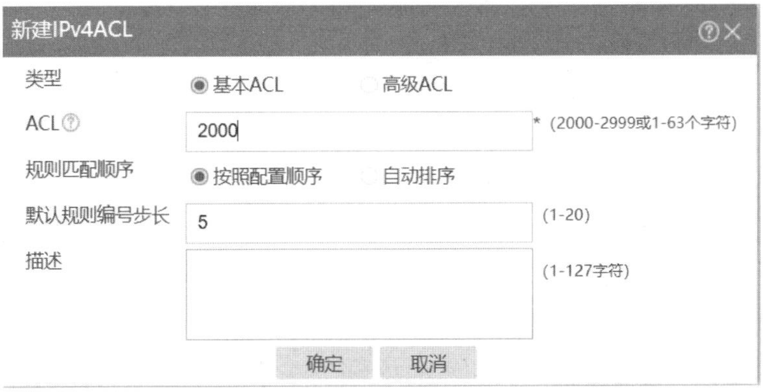

图 4.8

单击 ACL2000 栏中的"规划"按钮,单击"新建"按钮创建规则,如图 4.9 所示。

4)安全策略配置

单击左侧导航栏"策略→安全策略",如图 4.10 所示。

单击"新建"按钮,按照截图信息配置安全策略,如图 4.11 所示。

图 4.9

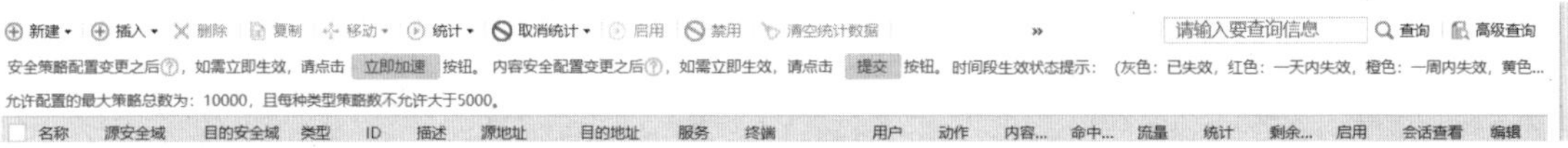

图 4.10

图 4.11

2．动态 NAT 配置

1）配置地址池

在"对象→对象组→NAT 对象组"页面单击"新建"按钮，如图 4.12 所示。

地址组编号	地址组名称	VRRP备份组	端口范围	端口...	增量端口数	地址组成员...	地址组成员

图 4.12

创建一个地址范围为 1.1.1.10 至 1.1.1.20 的地址池资源，单击"确定"按钮，如图 4.13 所示。

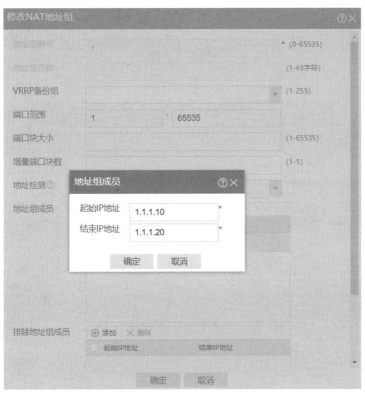

图 4.13

2）配置动态地址转换

在"策略→接口 NAT→NAT 动态转换"页面单击"NAT 出方向动态转换（基于 ACL）"下的"新建"按钮，如图 4.14 所示。

图 4.14

根据实际的组网需求，分别按照图 4.15、图 4.16 所示配置 GE1/0/1 的 NAT，单击"确定"按钮完成配置。

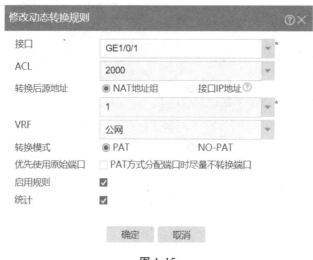

图 4.15

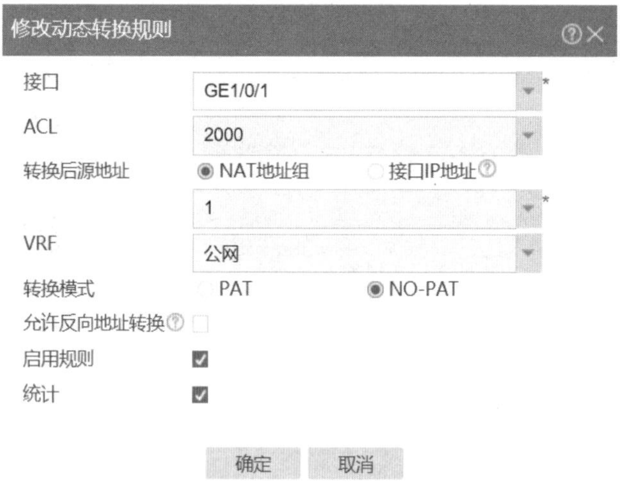

修改动态转换规则

接口	GE1/0/1
ACL	2000
转换后源地址	◉ NAT地址组　　○ 接口IP地址
	1
VRF	公网
转换模式	○ PAT　　　◉ NO-PAT
允许反向地址转换	☐
启用规则	☑
统计	☑

确定　　取消

图 4.16

3. 验证结果

1)PAT 方式

在 PC1 上 Ping PC2,在"监控→会话列表"页面可以查看到如图 4.17 所示的会话信息。

图 4.17

2)NO PAT

在 PC1 上 Ping PC2,在"监控→会话列表"页面可以查看到如图 4.18 所示的会话信息。

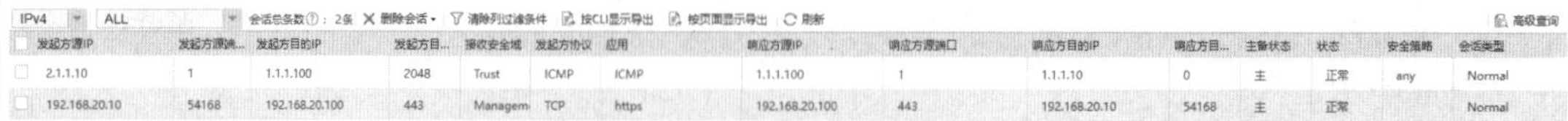

图 4.18

四、任务小结

对于两种动态 NAT 的配置及验证,可以通过对会话的分析,区分两种 NAT 方式的不同。

✿ 任务 2　配置静态 NAT

一、任务导入

在内部网络中 PC 机数量不多或者需要静态地址转换的场景,可以指定内部 IP 地址和外部 IP 地址的固定映射关系。那么从项目组网图 4.1 中 PC2(1.1.1.100)连接 PC1(2.1.1.10),应该怎么设定静态 NAT 呢?

本任务通过 H3C SecPath F1060 防火墙实现。

二、必备知识

1. 静态地址转换

外部网络和内部网络之间的地址映射关系在配置中确定,适用于内部网络与外部网络之间的少量固定访问需求。

2. 新建静态地址映射的详细配置

新建静态地址映射的详细配置如表 4.2 所示。

表 4.2　新建静态地址映射的详细配置

配置项	说　明
内部 VPN 实例	设置内部 IP 地址所属的 VPN 实例名称。 如果不设置该项,表示内网地址属于一个普通的私网
内部 IP 地址	设置静态地址映射的内部 IP 地址
外部 VPN 实例	设置外部 IP 地址所属的 VPN 实例名称。 如果不设置该项,表示公网地址属于一个普通的公网
外部 IP 地址	设置静态地址映射的外部 IP 地址
网络掩码	设置内部和外部 IP 地址的网络掩码。 如果指定网络掩码,则该表项为网段对网段静态地址映射;如果不指定网络掩码,则认为掩码为 255.255.255.255,该表项为一对一静态地址映射
ACL	设置静态地址转换策略中的 ACL ID

三、任务实施

1. 防火墙基本配置

防火墙基本配置同本项目任务 1,此处不再赘述。

2. 配置静态地址转换

在"策略→接口 NAT→NAT 静态转换→策略配置"页面单击"新建"按钮,如图 4.19 所示。

图 4.19

设置 2.1.1.10 到 1.1.1.120 地址的静态映射,如图 4.20 所示。

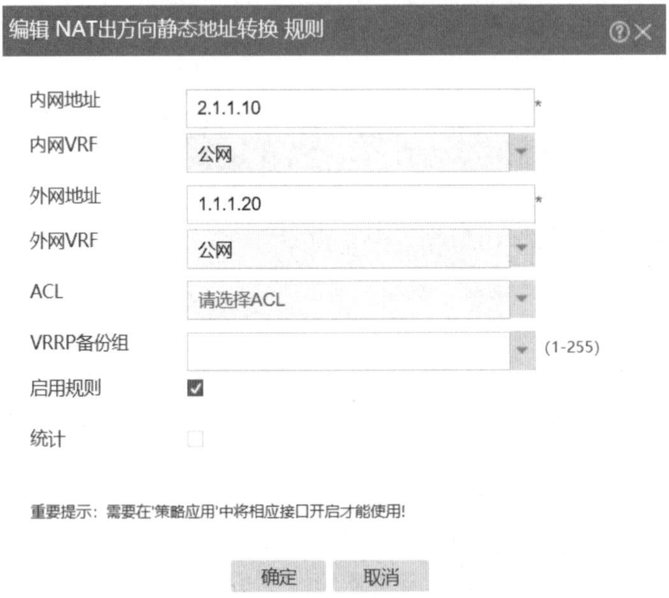

图 4.20

在"策略→接口 NAT→NAT 静态转换→策略应用"页面选择 GE1/0/1,单击"开启"按钮,如图 4.21 所示。

图 4.21

3. 验证结果

在 PC2(1.1.1.100)Ping PC1 的外网 IP 地址(1.1.1.120),其实就是连接 PC1(2.1.1.10)。在"监控→会话列表"页面,可以查看到如图 4.22 所示的会话信息。

图 4.22

四、任务小结

通过静态 NAT 的配置及验证,可以理解静态地址转换的映射关系。

✳ 任务 3　配置内部服务器

一、任务导入

如何在外部网络安全地访问内部服务器呢？我们需要在防火墙的 Eth0/1 接口设定内部服务器的外网 IP 地址，这样在外部网络就能通过公网 IP 对内部服务器进行访问。

本任务通过 H3C SecPath F1060 防火墙实现。

二、必备知识

1. 内部服务器

NAT 隐藏了内部网络的结构，具有"屏蔽"内部主机的作用，但在实际应用中，可能需要给外部网络提供一个访问内网主机的机会，如给外部网络提供一台 Web 服务器，或是一台 FTP 服务器。

NAT 设备提供的内部服务器功能，就是通过静态配置"公网 IP 地址+端口号"与"私网 IP 地址+端口号"间的映射关系，实现公网 IP 地址到私网 IP 地址的"反向"转换。例如，可以将 20.1.1.1:8080 配置为内网某 Web 服务器的外部网络地址和端口号供外部网络访问。

如图 4.23 所示，外部网络用户访问内部网络服务器的数据报文经过 NAT 设备时，NAT 设备根据报文的目的地址查找地址转换表项，将访问内部服务器的请求报文的目的 IP 地址和端口号转换成内部服务器的私有 IP 地址和端口号。当内部服务器回应该报文时，NAT 设备再根据已有的地址映射关系将回应报文的源 IP 地址和端口号转换成公网 IP 地址和端口号。

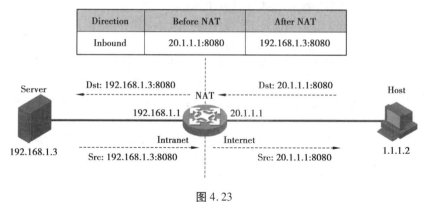

图 4.23

2. 新建内部服务器的详细配置

新建内部服务器的详细配置如表 4.3 所示。

表 4.3　新建内部服务器的详细配置

配置项	说　明
接口	设置要配置内部服务器策略的接口

续表

配置项	说　明
协议类型	设置 IP 协议承载的协议类型(仅高级配置支持此配置项):可在下拉框中进行选择;进行内部服务器高级配置时,若协议类型选择的不是6(TCP)或17(UDP),则只能设置内部 IP 地址与外部 IP 地址的一一对应关系,外部端口和内部端口配置项不可用
外部 VPN 实例	设置 IP 协议承载的协议类型(仅高级配置支持此配置项):可在下拉框中进行选择;进行内部服务器高级配置时,若协议类型选择的不是6(TCP)或17(UDP),则只能设置内部 IP 地址与外部 IP 地址的一一对应关系,外部端口和内部端口配置项不可用
外部 IP 地址	设置提供给外部访问的合法 IP 地址:可以选择手工指定一个 IP 地址;或者选择一个接口,使用该接口的 IP 地址
外部端口	设置提供给外部访问的服务端口号: ● 对于简单配置:选择单文本框,表示一个固定的端口,0 表示与指定服务的缺省端口一致,若所选的服务为 any(TCP)或 any(UDP),则外部端口为任意端口;选择双文本框,表示一个端口范围,和内部 IP 地址范围构成一一对应的关系; ● 对于高级配置,当协议类型选择6(TCP)或17(UDP)时才需要设置外部端口;选择单文本框,表示一个固定的端口,0 表示与指定的内部端口一致;选择双文本框,表示一个端口范围,和内部 IP 地址范围构成一一对应的关系
内部 VPN 实例	设置内部服务器所属的 VPN 实例名称:如果不设置该项,表示内部服务器属于一个普通的私网服务器,不属于某一个 VPN 实例
内部 IP 地址	设置服务器在内部局域网的 IP 地址: ● 对于简单配置:当外部端口选择单文本框时,内部 IP 地址也是在单文本框中进行设置,表示一个固定的 IP 地址;当外部端口选择双文本框,内部 IP 地址也是在双文本框中进行设置,表示一组连续的地址范围,和外部端口范围构成一一对应的关系,地址范围的数量必须和外部端口范围的数量相同; ● 对于高级配置:当协议类型选择的不是6(TCP)或17(UDP),或者外部端口选择单文本框时,内部 IP 地址是在单文本框中进行设置,表示一个固定的 IP 地址;当协议类型选择6(TCP)或17(UDP)且外部端口选择双文本框时,内部 IP 地址是在双文本框中进行设置,表示一组连续的地址范围,和外部端口范围构成一一对应的关系,地址范围的数量必须和外部端口范围的数
服务	设置内部服务器提供的服务类型(仅简单配置支持此配置项)。 💡提示: 内部服务器提供的服务端口号即所选服务的缺省端口号,若所选的服务为 any(TCP)或 any(UDP),则内部端口为任意端口

续表

配置项	说　明
内部端口	设置内部服务器提供的服务端口号(仅高级配置支持此配置项)：当协议类型选择6(TCP)或17(UDP)时可以配置此项,0 表示任何类型的服务都提供,相当于外部 IP 地址和内部 IP 地址之间有一个静态的连接
ACL	设置内部服务器策略中的 ACL ID
开启 VRRP 关联	设置是否将该接口内部服务器与 VRRP 备份组相关联,并指定所关联的 VRRP 备份组： • 当网络中由两台设备同时完成双机热备和动态地址转换功能时,需要保证同一个接口下的内部服务器的公网地址所关联的 VRRP 组相同,否则系统默认该公网地址与组号最大的 VRRP 组进行关联;
关联的 VRRP 组	• 需要为两台设备配置相同的 VRRP 备份组,同时将内部服务器策略与该 VRRP 备份组相关联,以保证双机热备业务的正常切换

三、任务实施

1. 基本配置

基本配置同本项目任务 1,此处不再赘述。

2. 配置内部服务器

在"策略→接口 NAT→NAT 内部服务器"页面单击"策略配置"下的"新建"按钮。按照图 4.24 设置通过公网接口可以访问内部 PC1 上的 ftp 服务器。

图 4.24

3. 验证结果

在 PC2 上 ftp 到 1.1.1.1,实际是 ftp 到内部的 PC1(2.1.1.110)。在“监控→会话列表”页面可以查看如图 4.25 所示的会话信息。

IPv4 ALL 会话总条数:3条 删除会话 清除列过滤条件 按CLI显示导出 按页面显示导出 刷新 高级查询

发起方源IP	发起方源端...	发起方目的IP	发起方目...	接收安全域	发起方协议	应用	响应方源IP	响应方源端口	响应方目的IP	响应方目...	主备状态	状态	安全策略	会话类型
192.168.20.10	55281	192.168.20.100	443	Managem	TCP	https	192.168.20.100	443	192.168.20.10	55281	主	正常		Normal
192.168.20.10	55282	192.168.20.100	443	Managem	TCP	https	192.168.20.100	443	192.168.20.10	55282	主	正常		Normal
1.1.1.100	29571	1.1.1.1	21	Untrust	TCP	ftp	2.1.1.110	21	1.1.1.100	29571	主	正常	any	Normal

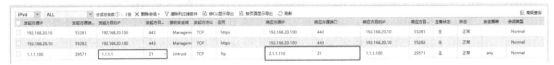

图 4.25

【思考拓展】

(1) 什么时候适合使用静态 NAT 技术?

(2) 如何使用 HCL 模拟 PAT 方式进行地址转换?

【证赛精华】

本项目涉及 H3CNE-Security 认证考试(GB0-510)和全国职业院校技能大赛(信息安全管理与评估)的相关要求:

(1) 认证考试点:网络地址转换技术。

内容包括 NAT 概述、动态 NAT、内部服务器、静态 NAT、NAT ALG 功能等。

(2) 竞赛知识点与技能点:网络安全设备配置与防护——访问控制。

NAT 技术是内外网互访的关键技术之一,也是实现访问控制必备的技能。

四、任务小结

通过内部服务器的配置及验证,可以从会话中查看内部服务器地址转换的映射关系。

项目评价

评价维度	评价标准/内容	分值/分	自评(20%)/分	互评(20%)(各成员计算平均分) 成员1/分	成员2/分	成员3/分	平均分/分	师评(60%)/分	得分/分
知识	a. 防火墙的 NAT 特点的理解以及线上平台测验完成情况	10							
	b. 防火墙的 NAT 配置方法的理解以及线上平台测验完成情况	10							
	c. 动态 NAT 和静态 NAT 的使用的理解以及线上平台测验完成情况	10							

评价维度	评价标准/内容	分值/分	自评(20%)/分	互评(20%)（各成员计算平均分）				师评(60%)/分	得分/分
				成员1/分	成员2/分	成员3/分	平均分/分		
技能	a. 能够对防火墙进行动态 NAT 的配置	10							
	b. 能够对防火墙进行静态 NAT 的配置	20							
	c. 能够对防火墙进行"内部服务器"NAT 的配置	20							
自评素养	a. 已增强科技创新意识	2		/	/	/	/	/	
	b. 已增强网络安全意识	1		/	/	/	/	/	
	c. 已理解大国工匠精神	1		/	/	/	/	/	
互评素养	a. 踊跃参与,表现积极	1	/					/	
	b. 经常鼓励/督促小组其他成员积极参与协作	1	/					/	
	c. 能够按时完成工作和学习任务	1	/					/	
	d. 对小组贡献突出	1	/					/	
师评素养	a. 积极主动参加教学活动	6	/	/	/	/	/		
	b. 具有网络安全意识	3	/	/	/	/	/		
	c. 遵守操作规范	3	/	/	/	/	/		
综合得分									
问题分析和总结									
学习体会									

组 号		姓 名		教师签名	

项目5

配置攻击防范功能

网络安全典型案例——某医院不履行网络安全保护义务

2021年6月,某医院遭受网络攻击,造成全院系统瘫痪。当地公安机关迅速调集技术力量赶赴现场,指导相关单位开展事件调查和应急处置工作。经调查发现,该医院未制定内部安全管理制度和操作流程,未确定网络安全负责人,未采取防范计算机病毒和网络攻击、网络侵入等危害网络安全行为的技术措施,被黑客攻击导致系统瘫痪。公安机关根据《中华人民共和国网络安全法》第二十一条和第五十九条规定,对该院处以责令改正并警告的行政处罚。

案例警示:部分单位在信息化建设和应用中,存在"重应用,轻防护"的思想,对网络安全工作不重视、安全防护意识淡薄,未严格按照法律要求履行网络安全主体责任和网络安全保护义务,存在较大安全隐患和漏洞被黑客利用进行攻击,导致部分信息系统或数据遭到破坏。

学习目标

【知识目标】

(1)掌握使用防火墙进行流量异常检测的方法;

(2)掌握使用防火墙进行服务器保护的方法;

(3)掌握使用防火墙进行内容过滤的方法。

【技能目标】

(1)能够配置防火墙进行基于流量异常的攻击防范;

(2)能够配置防火墙对内网服务器进行保护;

(3)能够配置防火墙进行内容过滤。

【素质目标】

(1)培养网络安全意识;

(2)增强法律法规意识;

(3)培养安全防护意识。

网络攻击防范(v7)

端口扫描

单包攻击

扫描泛洪攻击

TCP Proxy

项目描述

网络安全管理员小王经常采用防火墙进行攻击防范。用防火墙进行攻击防范主要有以下3种应用场景:

● 防范外部网络对内部网络的各种攻击,保护内网,如图5.1所示。

● 针对内部网络的服务器进行重点保护,如图5.2所示。

• 阻止内部网络用户访问非法网站或发送非法邮件,并阻止含有非法内容的报文进入内部网络,进行报文内容过滤,如图 5.3 所示。

项目组网图

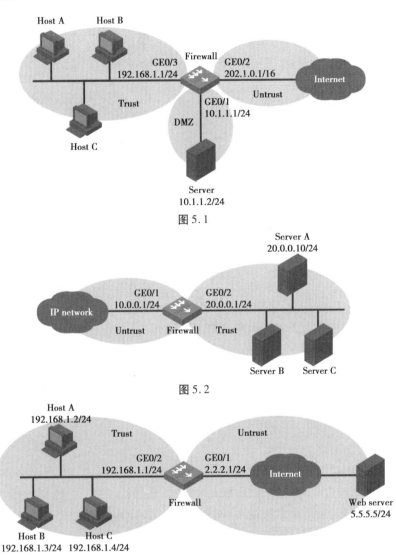

图 5.1

图 5.2

图 5.3

✳ 任务 1　配置基于流量异常的攻击防范

一、任务导入

如图 5.1 所示,Firewall 的内部主机网络配置为 Trust 域,内部服务器网络配置为 DMZ 域,外部网络配置为 Untrust。

现有如下安全需求：

- 防范外部网络对内部网络的扫描攻击。
- 限制内部主机网络中的主机发起的连接数。
- 限制内部服务器网络中的服务器的连接数。
- 防范外部网络对内部服务器的 SYN Flood 攻击。

为满足以上需求，需要在 Firewall 上做如下配置：

- 在 Untrust 域配置扫描攻击检测，设置黑名单添加功能，并配置扫描阈值为每秒 4 500 个连接。
- 在 Trust 域配置基于源 IP 的连接数限制，每台主机最多只能发起 100 条连接。
- 在 DMZ 域配置基于目的 IP 的连接数限制，每台服务器最多只能建立 10 000 条连接。
- 在 DMZ 域配置 SYN Flood 攻击检测，当设备监测到向内部服务器（IP 地址为 10.1.1.2）每秒发送的 SYN 报文数持续达到或超过 5 000 时，阻断发往该服务器的后续 SYN 报文；当设备监测到该值低于 1 000 时，认为攻击结束，允许继续向该服务器发送 SYN 报文。

本任务通过 H3C SecPath F1060 防火墙实现。

二、必备知识

1. 攻击检测及防范

攻击检测及防范是一个重要的网络安全特性，它通过分析经过设备的报文内容和行为，判断报文是否具有攻击特征，并根据配置对具有攻击特征的报文执行一定的防范措施，例如，输出告警日志、丢弃报文、加入黑名单或客户端验证列表。

设备能够检测单包攻击、扫描攻击和泛洪攻击等多种类型的网络攻击，并能对各类型的攻击采取合理的防范措施。除此之外，该特性还支持流量统计功能，基于安全域对 IP 报文流量进行分析和统计。

攻击防范策略应用在安全域上，对安全域上收到的报文生效。

2. 单包攻击

单包攻击也称为畸形报文攻击，主要包括以下 3 种类型：

- 攻击者通过向目标系统发送有缺陷的 IP 报文，如分片重叠的 IP 报文、TCP 标志位非法的报文，使目标系统在处理这样的 IP 报文时出错、崩溃；
- 攻击者可以通过发送正常的报文，如 ICMP 报文、特殊类型的 IP option 报文，干扰正常网络连接或探测网络结构，给目标系统带来损失；
- 攻击者还可通过发送大量无用报文占用网络宽带，造成拒绝服务攻击。

3. 扫描攻击

扫描攻击是指攻击者运用扫描工具对网络进行主机地址或端口的扫描，通过准确定位潜在目标的位置，探测目标系统的网络拓扑结构和开放的服务端口，为进一步侵入目标系统做准备。

扫描攻击检测主要通过监测网络使用者向目标系统发起连接的速率检测其探测行为，一般应用在设备连接外部网络的安全域上，且仅对启动了扫描攻击检测的安全域的入方向报文有效。若设备检测到某 IP 地址主动发起的连接速率达到或超过了一定阈值，则会输出告警日志，还可以根据配置将检测到的攻击者的源 IP 地址加入黑名单以丢弃来自该 IP 地址的后续报文。

4.泛洪攻击

泛洪攻击是指攻击者在短时间内向目标系统发送大量的虚假请求,导致目标系统疲于应付无用信息,而无法为合法用户提供正常服务,即发生拒绝服务。

5.SYN Flood 攻击

由于资源的限制,TCP/IP 协议栈只能允许有限个 TCP 连接。SYN Flood 攻击者向服务器发送伪造源地址的 SYN 报文,服务器在回应 SYN ACK 报文后,由于目的地址是伪造的,因此,服务器不会收到相应的 ACK 报文,从而在服务器上产生一个半连接。若攻击者发送大量这样的报文,被攻击服务器上会出现大量的半连接,耗尽其系统资源,使正常的用户无法访问,直到半连接超时。

6.ICMP Flood 攻击

ICMP Flood 攻击是指攻击者在短时间内向特定目标发送大量的 ICMP 请求报文(如 Ping 报文),使其忙于回复这些请求,致使目标系统负担过重而不能处理正常的业务。

7.UDP Flood 攻击

UDP Flood 攻击是指攻击者在短时间内向特定目标发送大量的 UDP 报文,致使目标系统负担过重而不能处理正常的业务。

8.DNS Flood 攻击

DNS Flood 攻击是指攻击者在短时间内向特定目标发送大量的 DNS 请求报文,致使目标系统负担过重而不能处理正常的业务。

9.黑名单功能

黑名单功能是根据报文的源 IP 地址进行报文过滤的一种攻击防范特性。同基于 ACL 的包过滤功能相比,黑名单进行报文匹配的方式更为简单,可以实现报文的高速过滤,从而有效地将特定 IP 地址发送来的报文屏蔽掉。

黑名单可以由设备动态地进行添加或删除,动态添加黑名单是与扫描攻击防范功能配合实现的。设备还支持手动方式添加或删除黑名单。手动配置的黑名单表项分为永久黑名单表项和非永久黑名单表项。非永久黑名单表项的老化时间由用户指定,超出老化时间后,设备会自动将该黑名单表项删除;永久黑名单表项建立后,一直存在,除非用户手工删除该表项。

10.连接数限制

内网用户访问外部网络时,如果某一用户在短时间内经过设备向外部网络发起大量连接,将会导致设备系统资源迅速消耗,其他用户无法正常使用网络资源。另外,如果一台内部服务器在短时间内接收到大量的连接请求,将会导致该服务器无法及时进行处理,以至于不能再接受其他客户端的正常连接请求。

因此,为了保护内部网络资源(主机或服务器)以及合理分配设备系统资源,设置支持在安全域中基于源 IP 地址或目的 IP 地址对连接的数量进行限制。当某 IP 地址发起(或以某 IP 地址为目的)的连接数达到或超过了一定阈值,系统会输出告警日志,并丢弃来自(或发往)该 IP 地址的后续新建连接的报文。

三、任务实施

1.配置 Firewall

(1)配置各接口的 IP 地址和所属安全域。(略)

（2）启用黑名单过滤功能，如图 5.4 所示。

步骤 1：在导航栏中选择"策略→安全防护→安全域设置"。

步骤 2：如图 5.4 所示，在"安全域设置"界面勾选"黑名单"一列的选项。

步骤 3：单击"选项"按钮，再选择"开启"完成操作。

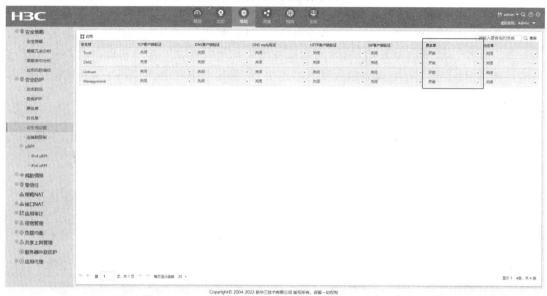

图 5.4

（3）配置 Untrust 域的扫描攻击检测功能。

步骤 1：在导航栏中选择"策略→攻击防范→新建"。

步骤 2：进行如下配置，如图 5.5 所示。

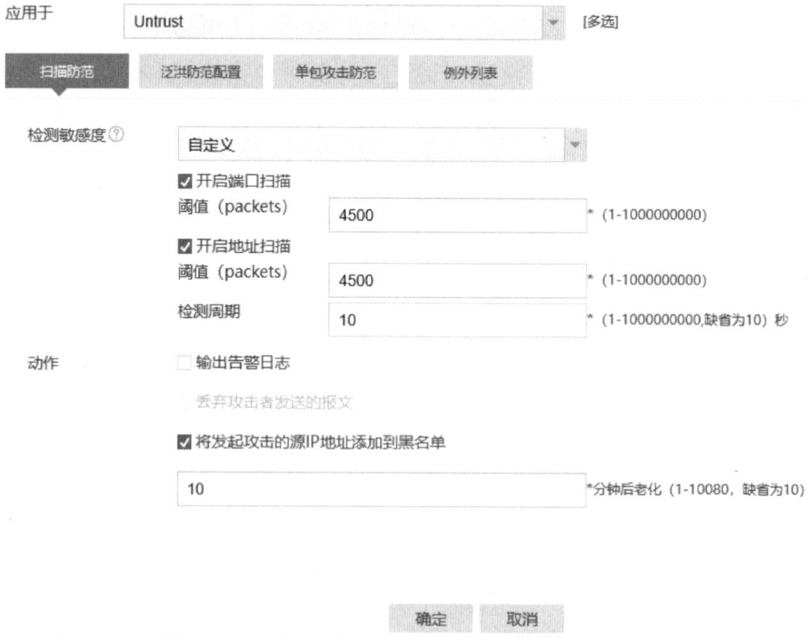

应用于   Untrust   [多选]

扫描防范   泛洪防范配置   单包攻击防范   例外列表

检测敏感度 ⑦   自定义

☑ 开启端口扫描

阈值（packets）   4500   * (1-1000000000)

☑ 开启地址扫描

阈值（packets）   4500   * (1-1000000000)

检测周期   10   * (1-1000000000，缺省为10) 秒

动作   ☐ 输出告警日志

丢弃攻击者发送的报文

☑ 将发起攻击的源IP地址添加到黑名单

10   *分钟后老化 (1-10080，缺省为10)

确定   取消

图 5.5

- 选择安全域为"Untrust"。
- 选中"扫描防范"下的检测敏感度选项。
- 选择自定义,并开启端口扫描选项和地址扫描选项。
- 输入扫描阈值为"4500"。
- 在"动作"选项中勾选"将发起攻击的源 IP 地址加入黑名单"。

步骤 3:单击"确定"按钮完成操作。

(4)配置基于 ACL 规则 Trust 域的连接数限制功能。

步骤 1:在导航栏中选择"策略→安全防护→连接数限制→新建"。

步骤 2:进行如下配置,如图 5.6、图 5.7 所示。

图 5.6

图 5.7

- 选择对应需求的 ACL 规则。

- 勾选"触发限制阈值",输入阈值为"100"。
- 勾选"按源 IP 的连接数限制"。

步骤 3:单击"确定"按钮完成操作。

(5)配置基于 ACL 规则 DMZ 域的连接数限制功能。

步骤 1:在连接数限制页面选中"规则数",单击"新建",继续进行如下配置,如图 5.8 所示。

图 5.8

- 选择对应的 ACL 规则。
- 选中"连接数限制"后的复选框触发限制阈值,输入阈值为"10000",如图 5.9 所示。

图 5.9

步骤 2：单击"确定"按钮完成操作。

（6）配置 DMZ 域的 SYN Flood 攻击检测功能。

步骤 1：在导航栏中选择"攻击防范→流量异常检测→SYN Flood"。

步骤 2：进行如下配置，如图 5.10 所示。

图 5.10

- 选择安全域为"DMZ"。
- 再选择泛洪防范配置，如图 5.11 所示。
- 在"动作"中勾选"丢弃攻击者发送的报文"。

步骤 3：单击"确定"按钮完成操作。

步骤 4：保持之前选择的安全域不变，在"泛洪防范配置"中单击"新建"按钮。

步骤 5：进行如下配置，如图 5.12、图 5.13 所示。

- 选中"IP 地址"后的复选框。
- 输入 IP 地址为"10.1.1.2"。

再单击下方"攻击类型"中 SYN 后的"编辑"按钮。

- 输入源门限值为"5000"报文数/秒。
- 输入目的门限值为"1000"报文数/秒。

步骤 6：单击"确定"按钮完成操作。

图 5.11

图 5.12

图 5.13

2. 配置结果验证

完成上述配置后：

● 如果在 Untrust 域中收到扫描攻击报文,设备输出告警日志,并将攻击者的 IP 地址加入黑名单。之后,可以在"策略→攻击防范→黑名单"中查看扫描攻击检测自动添加的黑名单信息。

● 如果 Trust 域中某主机发起的连接数达到或超过 100,设备输出告警日志,并对后续的新建连接作丢弃处理。之后,可以在"策略→策略命中分析"中查看 Trust 域的基于源 IP 的连接数超出阈值的次数和丢包个数。

● 如果 DMZ 域收到的某服务器的连接数达到或超过 10 000,设备输出告警日志,并对后续的新建连接作丢弃处理。之后,可以在"监控→安全日志→扫描攻击日志"中查看 DMZ 域的基于目的 IP 的连接数超出阈值的次数和丢包个数。

● 如果 DMZ 域受到 SYN Flood 攻击,设备输出告警日志,并对后续报文作丢弃处理。之后,可以在"策略→策略命中分析"中查看 DMZ 域受到 SYN Flood 攻击的次数和丢包个数。

四、任务小结

通过对防火墙进行扫描攻击防范,添加黑名单、连接数限制以及 SYN Flood 攻击防范,可以防范外部网络对内部网络的各种攻击,保护内网。

✹ 任务 2　配置 TCP Proxy

一、任务导入

如图 5.2 所示,在 Firewall 上配置 TCP Proxy 功能,代理方式为双向,保护 Server A、Server B 和 Server C 不会受到 SYN Flood 的攻击。同时将 Server A 作为静态受保护 IP 表项进行保护,对其他服务器进行动态保护。

本任务通过 H3C SecPath F1060 防火墙实现。

二、必备知识

1. SYN Cookie

SYN Cookie 是对 TCP 服务器端的三次握手协议作一些修改,专门用来防范 SYN Flood 攻击的一种手段。

它的原理是:在 TCP 服务器收到 TCP SYN 包并返回 TCP SYN+ACK 包时,不分配一个专门的数据区,而是根据这个 SYN 包计算出一个 cookie 值。在收到 TCP ACK 包时,TCP 服务器再根据那个 cookie 值检查这个 TCP ACK 包的合法性。如果合法,再分配专门的数据区处理未来的 TCP 连接。

2. TCP Proxy 功能

TCP Proxy 的功能为防止服务器受到 SYN Flood 的攻击。启用了 TCP Proxy 功能的设备称为 TCP Proxy,它位于客户端和服务器之间,能够对客户端与服务器之间的 TCP 连接进行代理。当设备检测到有服务器受到 SYN Flood 攻击时,TCP Proxy 即将该服务器 IP 地址添加为动态受保护的 IP 地址,并对所有向该受保护服务器发起的 TCP 连接的协商报文进行处理,通过对客户端发起的 TCP 连接进行验证,达到保护服务器免受 SYN Flood 攻击的目的。

TCP Proxy 支持单向代理和双向代理两种代理方式。

1)单向代理

单向代理是指仅对 TCP 连接的正向报文进行处理,如图 5.14 所示。

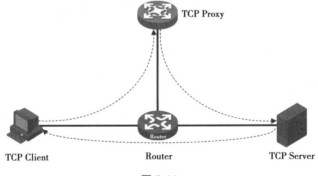

图 5.14

单向代理方式的实现要求客户端的实现严格遵守 TCP 协议栈的规定,如果客户端的 TCP 协议栈实现不完善,即便是合法用户,也可能由于未通过 TCP Proxy 的严格检查而无法访问服务器。而且,该方式依赖客户端向服务器发送 RST 报文后再次发起请求的功能,因此,启用 TCP Proxy 后,客户端发起的每个 TCP 连接的建立时间会有相应增加。

2)双向代理

双向代理是指对 TCP 连接的正向和反向报文都进行处理,如图 5.15 所示。

图 5.15

双向代理方式中,TCP Proxy 作为虚拟的服务器与客户端交互,同时也作为虚拟的客户端与服务器交互,在为服务器过滤掉恶意连接报文的同时保证常规业务的正常运行。但该方式要求 TCP Proxy 必须部署在所保护的服务器入口和出口的关键路径上,且要保证所有客户端向服务器发送的报文以及服务器向客户端回应的报文都需要经过该设备。

三、任务实施

配置 Firewall

(1)配置各接口的 IP 地址和所属安全区域。(略)

(2)配置代理方式,并在 Untrust 域上使能 TCP Proxy 功能。

步骤 1:在导航栏中选择"策略→安全防护→安全域设置",如图 5.16 所示。

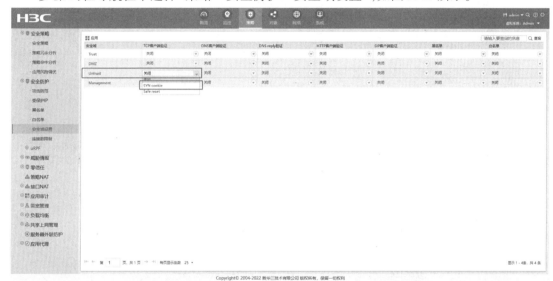

图 5.16

步骤 2:单击"SYN cookie"按钮完成操作。

(3)新建静态受保护 IP 表项。

步骤 1:在导航栏中选择"受保护 IP"。

步骤 2:单击"新建"按钮。

步骤 3:如图 5.17 所示,输入受保护 IP 地址为"20.0.0.10"。

步骤 4:单击"确定"按钮完成操作。

(4)配置 SYN Flood 检测功能,向 TCP Proxy 动态添加受保护 IP 地址。

步骤 1:在导航栏中选择"攻击防范→流量异常检测→SYN Flood"。

图 5.17

步骤 2:如图 5.18 所示,选择安全区域为"Trust"。

步骤 3:在"新建"中勾选"攻击类型"为"SYN-ACK"。

步骤 4:单击"确定"按钮完成操作。

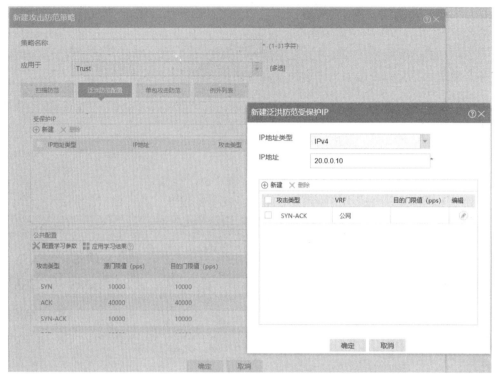

图 5.18

步骤 5：在"受保护 IP"中单击"新建"按钮。

步骤 6：如图 5.19 所示，选中"新建"建立一个攻击类型 SYN-ACK。

步骤 7：单击"确定"按钮完成操作。

图 5.19

四、任务小结

通过配置防火墙,保护 Server A、Server B 和 Server C 不会受到 SYN Flood 攻击。同时将 Server A 作为静态受保护 IP 表项进行保护,对其他服务器进行动态保护。

✳ 任务 3　配置内容过滤

一、任务导入

如图 5.3 所示,局域网 192.168.1.0/24 网段内的主机通过 Firewall 访问 Internet。Firewall 分别通过 Trust 安全域和 Untrust 安全域与局域网和 Internet 相连。

- 启用 HTTP 正文过滤功能,阻止含有"abc"关键字的 HTTP 响应报文通过。
- 启用 HTTP Java Applet 阻断功能,仅允许网站 IP 地址为 5.5.5.5 的 Java Applet 请求通过。
- 启用 SMTP(Simple Mail Transfer Protocol,简单邮件传输协议)附件名称过滤功能,阻止用户发送带有".exe"附件的邮件。
- 启用 FTP 上传文件名过滤功能,阻止用户上传带有"system"名称的文件。
- 启用 Telnet 命令字过滤功能,阻止用户键入含有"reboot"关键字的命令。

本任务通过 H3C SecPath F1060 防火墙实现。

二、必备知识

内容过滤功能

内容过滤功能是指设备对 HTTP 报文、SMTP 报文、POP3(Post Office Protocol-Version 3, 邮局协议的第 3 个版本)报文、FTP 报文和 Telnet 报文中携带的内容进行过滤,以阻止内部网络用户访问非法网站或发送非法邮件,并阻止含有非法内容的报文进入内部网络。

当设备收到 HTTP 报文、SMTP 报文、POP3 报文、FTP 报文或 Telnet 报文时,首先进行安全策略的匹配,如果匹配的安全策略规则中定义的动作为允许通过,且该安全策略规则中引用了内容过滤策略,则继续对报文进行内容过滤,阻止含有非法内容的报文通过设备。

三、任务实施

1.配置 Firewall

1)配置设备各接口的 IP 地址和所属安全域(略)

2)配置过滤条目

(1)配置关键字过滤条目"abc"。

步骤 1:在导航栏中选择"对象→应用安全→数据过滤",默认进入"关键字组"页签的页面。

步骤 2:单击"新建"按钮。

步骤 3:如图 5.20 所示,输入名称"abc",输入关键字"abc"。

步骤4：单击"确定"按钮完成操作。

图 5.20

（2）配置关键字过滤条目"reboot"。

步骤1：在"关键字"页签的页面单击"新建"按钮。

步骤2：如图 5.21 所示，输入名称为"reboot"，输入关键字为"reboot"。

图 5.21

步骤3:单击"确定"按钮完成操作。

(3)配置文件名过滤条目"*.exe"。

步骤1:单击"文件过滤→文件类型组"页签。

步骤2:单击"新建"按钮。

步骤3:如图5.22所示,输入名称为"exe",在自定义拓展名框中输入"exe"。

步骤4:单击"确定"按钮完成操作。

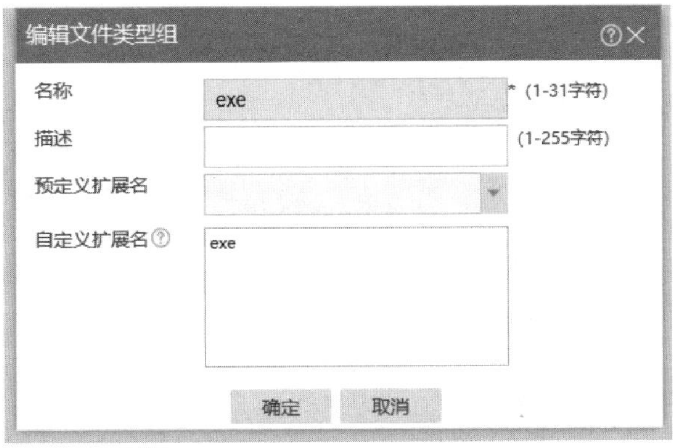

图5.22

(4)配置文件名过滤条目"system"。

步骤1:在"文件类型组"页签的页面单击"新建"按钮。

步骤2:如图5.23所示,输入名称为"system",输入文件名为"system"。

步骤3:单击"确定"按钮完成操作。

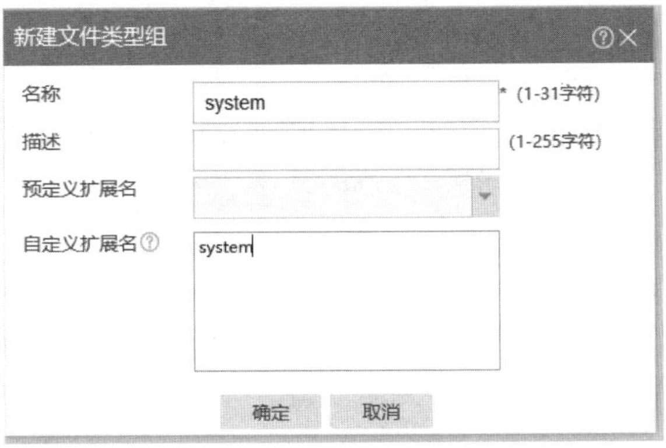

图5.23

3)配置内容过滤策略

(1)配置HTTP内容过滤策略。

步骤1:在导航栏中选择"对象→数据过滤→配置文件",单击"新建"进入"新建数据过滤配置文件"页签的页面。

• 输入名称为"http_policy1"。

步骤2:单击"新建"按钮。

步骤3:进行如图5.24所示的配置。

• 单击"正文过滤"前的扩展按钮。

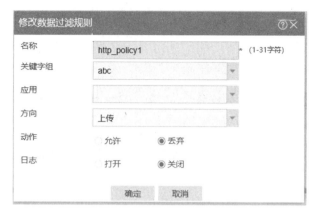

图 5.24

·在可选字组可选过滤条目列表框中选中"abc"关键字过滤条目,单击条目将其选中。

步骤4:单击"确定"按钮完成操作。

(2)配置 SMTP 过滤策略。

步骤1:单击"文件过滤"页签。

步骤2:单击"新建"按钮。

·输入名称为"smtp_policy"。

·在数据过滤规则中单击"新建"按钮。

步骤3:进行如图5.25所示的配置。

·单击"应用"前的扩展按钮,单击选中"SMTP"协议。

·在文件类型组的可选过滤条目列表框中选中"exe"文件名过滤条目,单击该条目将其选中。

步骤4:单击"确定"按钮完成操作。

图 5.25

(3)配置 FTP 过滤策略。

步骤1:单击文件过滤中的"配置文件"页签。

步骤2:单击"新建"按钮。

·输入名称为"ftp_policy"。

·在数据过滤规则中单击"新建"按钮。

步骤3:进行如图5.26所示的配置。

• 单击"应用"前的扩展按钮,单击选中"SMTP"协议。

• 在上传文件名过滤的可选过滤条目列表框中选中"system"文件名过滤条目,单击该条目按钮将其选中。

步骤4:单击"确定"按钮完成操作。

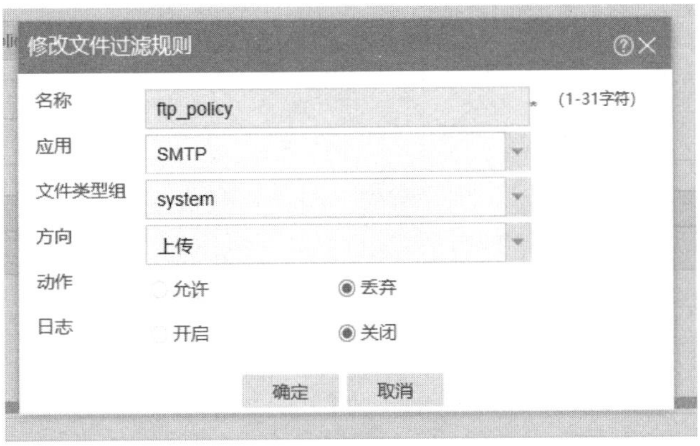

图 5.26

(4)配置 Telnet 过滤策略。

步骤1:单击"配置文件"页签。

步骤2:单击"新建"按钮。

步骤3:进行如图 5.27 所示的配置。

图 5.27

• 输入名称为"telnet_policy"。

• 单击"数据过滤规则"下的"新建"按钮。

• 在新建的数据过滤规则的关键字组中选中"reboot"关键字过滤条目,单击该条目将其选中。

• 在应用中选中"HTTP"协议条目,单击条目将其选中。

步骤4:单击"确定"按钮完成操作。

4)配置引用内容过滤的安全策略

配置 Trust 安全域到 Untrust 安全域的目的地址为 5.5.5.5 的安全策略,并引用内容过滤策略。

步骤1:在导航栏中选择"策略→安全策略"。

步骤2:单击"新建"按钮,输入名称"template1"。

步骤3:进行如图5.28所示的配置。

图5.28

- 选择源域为"Trust"。
- 选择目的域为"Untrust"。
- 选择源IP地址为"any"。
- 选中目的IP地址,输入目的IP地址为"5.5.5.5"。
- 选择服务名称为"any"。
- 选择过滤动作为"允许"。
- 选中"启用策略"后的"开启"复选框。
- 选中"确定后续添加下一条规则"前的复选框。

步骤4:单击"确定"按钮完成操作。

步骤5:进行如图5.29所示的配置。

- 选择数据过滤配置文件为"http_policy1"。
- 选择文件过滤配置文件为"smtp_policy"。

步骤6:单击"确定"按钮完成操作。

2. 配置结果验证

完成上述配置后,局域网内用户不能收到含有"abc"关键字的HTTP响应;除对IP地址为5.5.5.5的Web服务器外,不能成功发送Java Applet请求;不能成功发送带有".exe"附件的邮件;不能通过FTP方式上传名称为"abc"的文件;不能执行Telnet命令"reboot"。

图 5.29

设备运行一段时间后,在导航栏中选择"监控→监控应用中心",可以看到内容过滤的统计信息。

四、任务小结

本任务通过启用数据过滤和文件过滤功能,实现了内容过滤。这两项功能也是防火墙的 DPI(深度报文检测)的重要特性。

【思考拓展】

(1)怎么保护内网服务器?

(2)怎么解除黑名单?

【证赛精华】

本项目涉及 H3CNE-Security 认证考试(GB0-510)和全国职业院校技能大赛(信息安全管理与评估)的相关要求:

(1)认证考试点:DPI 技术。

必须知道常见的网络攻击行为并掌握防范技能。

(2)竞赛知识点与技能点:网络安全设备配置与防护——访问控制。

内容包括保护网络应用安全;实现防 DOS、DDOS 攻击;内容过滤等。

✳ 项目评价

评价维度	评价标准/内容	分值/分	自评(20%)/分	互评(20%)(各成员计算平均分)				师评(60%)/分	得分/分
				成员1/分	成员2/分	成员3/分	平均分/分		
知识	a.对防火墙进行流量异常检测方法的理解以及线上平台测验完成情况	10							
	b.对防火墙进行服务器保护方法的理解以及线上平台测验完成情况	10							
	c.对防火墙进行内容过滤方法的理解以及线上平台测验完成情况	10							
技能	a.能够配置防火墙进行基于流量异常的攻击防范	10							
	b.能够配置防火墙对内网服务器进行保护	20							
	c.能够配置防火墙进行内容过滤	20							
自评素养	a.已增强网络安全意识	2		/	/	/	/	/	
	b.已增强法律法规意识	1		/	/	/	/	/	
	c.已增强安全防护意识	1		/	/	/	/	/	
互评素养	a.踊跃参与,表现积极	1	/					/	
	b.经常鼓励/督促小组其他成员积极参与协作	1	/					/	
	c.能够按时完成工作和学习任务	1	/					/	
	d.对小组贡献突出	1	/					/	
师评素养	a.积极主动参加教学活动	6	/	/	/	/	/		
	b.具有网络安全意识	3	/	/	/	/	/		
	c.遵守操作规范	3	/	/	/	/	/		
综合得分									

问题分析和总结	
学习体会	

组　号		姓　名		教师签名	

项目6

配置ALG功能

网络安全典型案例——某单位不履行网络安全保护义务

某公安机关接到报案称,辖区某学校 60 余名学生中考志愿被他人篡改。经连夜侦查发现,是因某单位网站密码安全等级低,存在网络漏洞,被一升学无望心生报复的不法分子恶意攻击篡改。公安机关根据《中华人民共和国网络安全法》第六十四条规定,对该单位作出行政警告处罚,并责令限期整改。

案例警示:网络运营单位不履行相关安全管理义务,极易为不法分子违法犯罪活动滋生蔓延提供"土壤"和"空间",造成严重危害后果。任何个人和组织不得从事非法侵入他人网络、干扰他人网络正常功能、窃取网络数据等危害网络安全的活动。

学习目标

【知识目标】

(1)掌握防火墙的 ALG(应用层网关)配置方法;

(2)掌握 ALG 实现的功能。

【技能目标】

(1)能够针对不同的应用场景采用 ALG 进行配置;

(2)能够将 ALG 与 NAT、ASPF 配合使用,实现多种功能。

【素质目标】

(1)培养网络安全意识;

(2)了解《中华人民共和国密码法》;

(3)了解《中华人民共和国网络安全法》。

项目描述

网络安全管理员小王经常会采用防火墙进行应用层网关配置。用防火墙进行应用层网关配置主要有以下两种应用场景:

- 外部网络可以访问内部服务器所提供的应用服务,如图 6.1 所示。
- 内部网络和外部网络同时提供应用服务,可以相互通信连接,如图 6.2 所示。

项目组网图

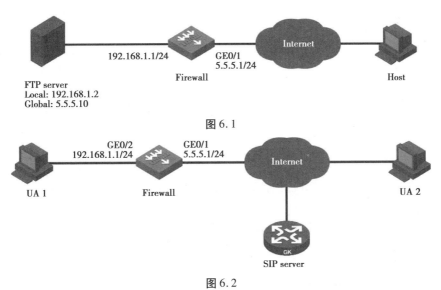

图 6.1

图 6.2

任务 1   应用层协议检测支持 FTP 配置

一、任务导入

如图 6.1 所示,某公司通过启用 NAT 和应用层协议检测功能的设备连接到 Internet。公司内部对外提供 FTP 服务。

公司内部网址为 192.168.1.0/24。其中,内部 FTP 服务器的 IP 地址为 192.168.1.2。通过配置 NAT 和应用层协议检测,满足如下需求:

- 外部网络的 Host 可以访问内部的 FTP 服务器。
- FTP 服务器使用 5.5.5.10 作为对外的 IP 地址。

本任务通过 H3C SecPath F1060 防火墙实现。

二、必备知识

1. ALG

ALG(Application Level Gateway,应用层网关)主要完成应用层报文处理。通常情况下,NAT 只对报文头中的 IP 地址和端口信息进行转换,不对应用层数据载荷中的字段进行分析。然而对于一些特殊协议,它们报文的数据载荷中可能包含 IP 地址或端口信息,这些内容若不能有效地被 NAT 转换,就可能导致问题。

例如,FTP 应用就由数据连接和控制连接共同完成,而且数据连接的建立动态地由控制连接中的载荷字段信息决定,这就需要 ALG 完成载荷字段信息的转换,以保证后续数据连接的正确建立。

ALG 在与 NAT(Network Address Translation,网络地址转换)、ASPF(Application Specific

Packet Filter,基于应用层状态的包过滤)配合使用的情况下,可以实现地址转换、数据通道检测和应用层状态检查的功能。

2. ALG 实现的功能

1)地址转换

对报文应用层数据载荷中携带的 IP 地址、端口、协议类型(TCP 或者 UDP)、对端地址(在数据载荷中带有对端的地址)进行地址转换。

2)数据通道检测

提取数据通道信息,为后续的报文连接建立数据通道。此处的数据通道为相对于用户的控制连接而言的数据连接。

3)应用层状态检查

对报文的应用层协议状态进行检查,若正确则更新报文状态机进行下一步处理,否则丢弃报文。

本特性支持对多种应用层协议的 ALG 处理,不同的协议对以上 3 种功能的支持情况有所不同,实际运用中根据具体需要选择支持全部或部分功能。

3. 实现 ALG 功能的常用应用层协议

目前实现 ALG 功能的常用应用层协议包括:

- DNS(Domain Name System,域名系统);
- FTP(File Transfer Protocol,文件传输协议);
- GTP(GPRS Tunneling Protocol,GPRS 隧道协议);
- H. 323 包括 RAS、H. 225、H. 245,一种多媒体会话协议,由于 H. 323 的分段报文在缓存内会去掉二层头,因此不能进行二层转发;
- ICMP-error(Internet Control Message Protocol error,互联网控制信息协议差错报文);
- ILS(Internet Locator Service,互联网定位服务);
- MSN/QQ,两种常见的语音视频通信协议;
- NBT(NetBIOS over TCP/IP,基于 TCP/IP 的网络基本输入/输出系统);
- PPTP(Point-to-Point Tunneling Protocol,点到点隧道协议);
- RTSP(Real Time Streaming Protocol,实时流协议);
- RSH(Remote Shell,远程外壳,仅 Enhanced FW 插卡支持,其他产品不支持);
- SCCP(Skinny Client Control Protocol,瘦小客户端控制协议);
- SIP(Session Initiation Protocol,会话初始协议);
- SQLNET,一种 Oracle 数据库语言;
- TFTP(Trivial File Transfer Protocol,简单文件传输协议)。

三、任务实施

配置 Firewall

(1)配置 FTP 的应用层协议检测功能(缺省情况下,FTP 的应用层协议检测功能处于启用状态,此步骤可省略)。

步骤 1:在导航栏中选择"网络→ALG"。

步骤 2:如图 6.3 所示,勾选"FTP"。

步骤 3:单击"应用"按钮完成操作。

图 6.3

（2）配置内部 FTP 服务器。

步骤 1：在导航栏中选择"策略→接口 NAT→IPv4→NAT 内部服务器"。

步骤 2：在"NAT 内部服务器策略配置"中单击"新建"按钮。

步骤 3：进行如图 6.4 所示的配置。

图 6.4

- 输入名称"FTP Server"。
- 选择接口为"GE1/0/1"。
- "协议类型"选择"TCP"，会自动变为"6"。
- "映射方式"选择"外网地址单一，未使用外网端口或外网端口单一"。
- "外网地址"选中"指定 IP 地址"前的单选按钮，输入外部 IP 地址为"5.5.5.10"。
- 选中"外网端口"单文本框前的单选按钮，输入外网端口为"21"。
- 在"内部服务器 IP 地址"单文本框中输入"192.168.1.2"。
- 选择服务为"21"。

步骤 4：单击"确定"按钮完成操作。

四、任务小结

本任务通过 ALG 功能与 NAT 结合,能够使外部网络的用户访问内部网络的服务器提供的 FTP 服务。

✿ 任务 2 应用层协议检测支持 SIP/H.323 配置

一、任务导入

如图 6.2 所示,某公司通过启用 NAT 和应用层协议检测功能的设备连接到 Internet。公司内部网址为 192.168.1.0/24。通过配置 NAT 和应用层协议检测,满足如下要求:

• 公司内部的 SIP UA 1 和外部网络的 SIP UA 2 均可以通过别名与对方成功建立通信。

• 公司具有 5.5.5.1、5.5.5.9 至 5.5.5.11 四个合法的公网 IP 地址。公司内部 SIP UA 1 在向外部的 SIP server 注册时选择 5.5.5.9 至 5.5.5.11 中的一个地址作为其公网地址。

本任务通过 H3C SecPath F1060 防火墙实现。

二、必备知识

SIP(Session initialization Protocol,会话初始协议)是由 IETF(Internet Engineering Task Force,因特网工程任务组)制订的多媒体通信协议。它是一个基于文本的应用层控制协议,用于创建、修改和释放一个或多个参与者的会话。SIP 是一种源于互联网的 IP 语音会话控制协议,具有灵活、易于实现、便于扩展等特点。

三、任务实施

配置 Firewall

(1)配置 SIP 的应用层协议检测功能。

步骤 1:在导航栏中选择"网络→ALG"。

步骤 2:如图 6.5 所示,将"SIP"勾选。

图 6.5

步骤 3：单击"应用"按钮完成操作。

（2）配置 ACL 2001。

步骤 1：在导航栏中选择"对象→ACL→IPv4"。

步骤 2：单击"新建"按钮。

步骤 3：如图 6.6 所示，"类型"选择"基本 ACL"，输入"ACL"ID 为"2001"。

步骤 4：单击"确定"按钮完成操作。

步骤 5：单击 ACL 2001 对应的图标，进入 ACL 2001 的规则显示页面。

步骤 6：单击"新建"按钮。

步骤 7：进行如图 6.7 所示的配置。

图 6.6

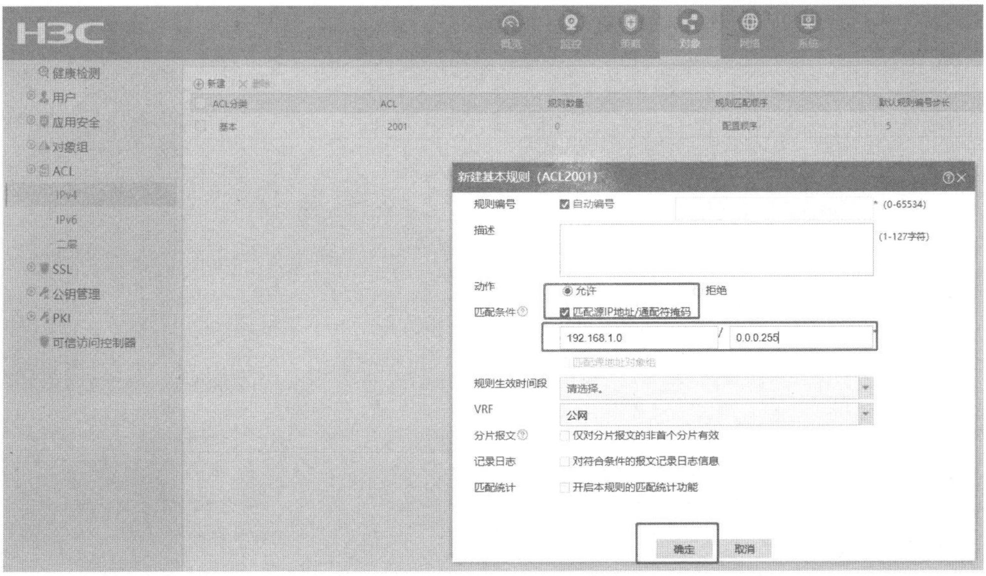

图 6.7

• 选择"动作"为"允许"。

● 选中"匹配条件"后的"匹配源 IP 地址/通配符掩码"复选框,输入源 IP 地址为"192.168.1.0",输入源地址通配符为"0.0.0.255"。

步骤 8:单击"确定"按钮完成操作。

步骤 9:在 ACL 2001 的规则显示页面中单击"新建"按钮。

步骤 10:如图 6.8 所示,选择"动作"为"禁止"。

图 6.8

步骤 11:单击"确定"按钮完成操作。

(3)配置 NAT 地址组。

步骤 1:在导航栏中选择"对象→对象组→NAT 地址组"。

步骤 2:在"地址组"中单击"新建"按钮。

步骤 3:进行如图 6.9 所示的配置。

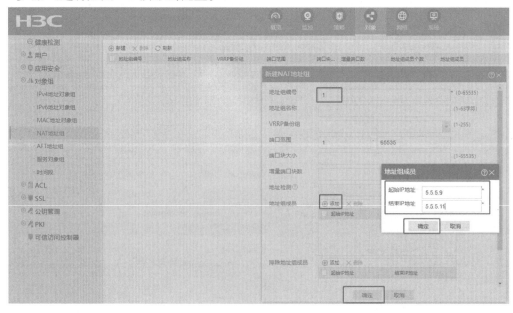

图 6.9

- 输入地址组编号为"1"。
- 单击"地址组成员"后的"添加"按钮。
- 输入起始 IP 地址"5.5.5.9"。
- 输入结束 IP 地址为"5.5.5.11"。

步骤 4:单击"确定"按钮完成操作。

(4)配置动态地址转换。

步骤 1:在导航栏中选择"策略→接口 NAT→IPv4→NAT 动态转换"。

步骤 2:进行如图 6.10 所示的配置。

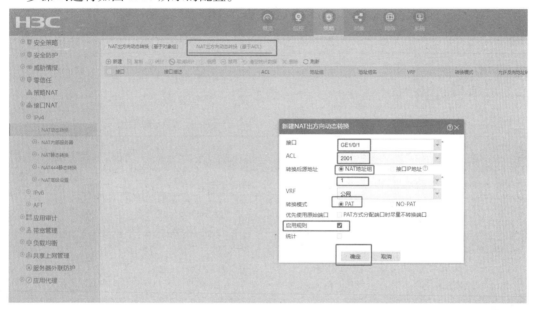

图 6.10

- 选择"NAT 出方向动态转换(基于 ACL)"。
- 选择接口为"GE1/0/1"。
- ACL 选择"2001"。
- "转换后源地址"选择"NAT"地址组,并选择刚刚创建的地址组索引编号"1"。
- 选择"转换模式"为"PAT"。
- 在"启用规则"复选框后面打钩(默认情况下会自动勾选)。

步骤 3:单击"确定"按钮完成操作。

四、任务小结

本任务能够将 ALG 与 NAT 功能结合,能够将内外网的 SIP 服务器通过别名与对方成功建立通信。

【思考拓展】

ALG 如何和 ASPF(基于状态检测的包过滤)技术结合使用?

【证赛精华】

本项目涉及 H3CNE-Security 认证考试(GB0-510)和全国职业院校技能大赛(信息安全管理与评估)的相关要求:

(1)认证考试点:网络地址转换技术。

需要掌握 NAT AL 原理以及 NAT ALG 功能,即 NAT 和 ALG 结合使用的技能。

(2)竞赛知识点与技能点:网络安全设备配置与防护——访问控制。

ALG 主要完成对应用层报文的处理,掌握它的配置方法才能实现基于应用的带宽控制、QoS 策略等功能。

✳ 项目评价

评价维度	评价标准/内容	分值/分	自评(20%)/分	互评(20%)(各成员计算平均分)				师评(60%)/分	得分/分
				成员1/分	成员2/分	成员3/分	平均分/分		
知识	a. 对防火墙的 ALG(应用层网关)的配置方法的理解以及线上平台测验完成情况	15							
	b. 对 ALG 实现的功能的理解以及线上平台测验完成情况	15							
技能	a. 能够针对不同应用场景采用 ALG 进行配置	10							
	b. 能够将 ALG 与 NAT、ASPF 配合使用,实现多种功能	20							
	c. 能够配置 NAT 和应用层协议检测	20							
自评素养	a. 已增强网络安全意识	2		/	/	/	/	/	
	b. 已了解《中华人民共和国密码法》	1		/	/	/	/	/	
	c. 已了解《中华人民共和国网络安全法》	1		/	/	/	/	/	
互评素养	a. 踊跃参与,表现积极	1	/					/	
	b. 经常鼓励/督促小组其他成员积极参与协作	1	/					/	
	c. 能够按时完成工作和学习任务	1	/					/	
	d. 对小组贡献突出	1	/					/	

续表

评价维度	评价标准/内容	分值/分	自评(20%)/分	互评(20%)（各成员计算平均分）				师评(60%)/分	得分/分
				成员1/分	成员2/分	成员3/分	平均分/分		
师评素养	a. 积极主动参加教学活动	6	/	/	/	/	/		
	b. 拥有交流沟通协调能力	3	/	/	/	/	/		
	c. 已了解《中华人民共和国网络安全法》	3	/	/	/	/	/		
综合得分									
问题分析和总结									
学习体会									

组　号		姓　名		教师签名	

项目7

配置AAA实现认证授权

网络安全典型案例——某单位不履行网络保护义务

2021年2月,某单位所使用的智慧政务一体化平台被黑客攻击植入木马病毒,导致系统文件被加密勒索,公安机关立即以破坏计算机信息系统立案侦查。通过一案双查发现,该单位未制定内部安全管理制度和操作规程,未采取防范计算机病毒的技术措施,未对重要数据备份和加密,未履行网络安全保护义务。公安机关根据《中华人民共和国网络安全法》第二十一条和第五十九条规定,对该单位作出罚款一万元、对单位具体责任人赵某作出罚款五千元的行政处罚。

案例警示:网络运营单位因未落实网络安全防护措施造成勒索病毒攻击破坏,不但要承担勒索病毒带来的损失,还要受到法律的惩处。

学习目标

【知识目标】

(1)了解防火墙的AAA特点;

(2)掌握防火墙的AAA功能的使用方法。

【技能目标】

能够对防火墙进行AAA配置。

【素质目标】

(1)培养网络安全意识;

(2)了解《中华人民共和国数据安全法》;

(3)了解《中华人民共和国网络安全法》。

用户身份识别与
管理典型配置举例
演示视频—AAA典型案例

项目描述

网络安全管理员小王需要配置Firewall,实现对登录Firewall的Root虚拟设备的Telnet用户进行本地认证和授权。项目组网如图7.1所示。

项目组网图

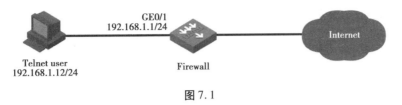

图 7.1

任务 1 AAA 基本配置

一、任务导入

用户登录 Firewall 的 Root 虚拟设备 Telnet 用户进行本地认证和授权。由于是本地认证和授权,因此,不需要使用 RADIUS 和 HWTACACS 认证服务器。

本任务通过 H3C SecPath F1060 防火墙实现。

二、必备知识

1. AAA

AAA 是 Authentication、Authorization、Accounting(认证、授权、计费)的简称,是网络安全的一种管理机制,提供认证、授权、计费三种安全功能。

(1)认证:确认访问网络的远程用户的身份,判断访问者是否为合法的网络用户。

(2)授权:对不同用户赋予不同的权限,限制用户可以使用的服务。例如,用户成功登录服务器后,管理员可以授权用户对服务器中的文件进行访问和打印操作。

(3)计费:记录用户使用网络服务中的所有操作,包括使用的服务类型、起始时间、数据流量等,它不仅是一种计费手段,也对网络安全起到了监视作用。

AAA 的基本组网结构如图 7.2 所示。AAA 一般采用客户机/服务器结构,客户端运行于 NAS(Network Access Server,网络接入服务器)上,服务器上则集中管理用户信息。NAS 对用户来说是服务器端,对服务器来说是客户端。

当用户想要通过某网络与 NAS 建立连接,从而获得访问其他网络的权利或取得某些网络资源的权利时,NAS 起到了验证用户的作用。NAS 负责把用户的认证、授权、计费信息透传给服务器(RADIUS 服务器或 HWTACACS 服务器),RADIUS 协议或 HWTACACS 协议规定了 NAS 与服务器之间如何传递用户信息。

图 7.2 的 AAA 基本组网结构中有两台服务器,用户可以根据实际组网需求决定认证、授权、计费功能分别使用哪种协议类型的服务器承担。例如,可以选择 HWTACACS 服务器实现认证和授权,RADIUS 服务器实现计费。

2. RADIUS 协议

RADIUS(Remote Authentication Dial-In User Service,远程认证拨号用户服务)是一种分布式的、客户端/服务器结构的信息交互协议,能保护网络不受未授权访问的干扰,常应用在安全性要求较高、允许远程用户访问的各种网络环境中。该协议定义了 RADIUS 的报文格式及其消息传输机制,并规定了使用 UDP 作为封装 RADIUS 报文的传输层协议(UDP 端口 1812、1813 分别作为认证、计费端口)。

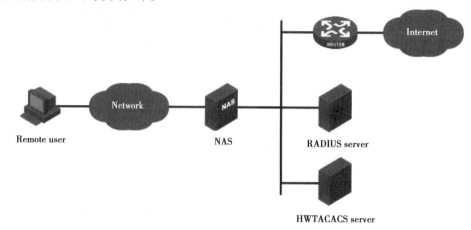

图 7.2

三、任务实施

1.配置本地用户

步骤1:在导航栏中选择"系统→管理员→管理员"。

步骤2:单击"新建"按钮。

步骤3:进行如图 7.3 所示的配置。

图 7.3

- 输入用户名为"Telnet"。
- 输入密码为"abcd1234!@#$"。
- 输入确认密码为"abcd1234!@#$"。

- 选择管理员角色为"超级管理员"。
- 选择服务类型为"Telnet"。

步骤 4:单击"确定"按钮完成操作。

2. 创建 ISP 域

步骤 1:在导航栏中选择"对象→用户→认证管理→ISP 域"。

步骤 2:如图 7.4 所示,单击"新建"按钮。

图 7.4

3. 配置 ISP 域的 test 的 AAA 方案

步骤 1:输入域名"test"。

步骤 2:状态为默认的"活动"。

步骤 3:接入方式为"登录用户"。

步骤 4:登录用户 AAA 方案选择"本地认证""本地授权""本地计费"。

步骤 5:单击"确定",完成域名"test"的创建,如图 7.5 所示。

图 7.5

通过命令行开启 Telnet 服务器功能,并配置 Telnet 用户登录采用 AAA 认证方式。

```
[H3C]telnet server enable
[H3C]line vty 0 63
[H3C-line-vty0-63]authentication-mode scheme
```

4. 验证结果

用户向 Firewall 发起 Telnet 连接,在 Telnet 客户端按照提示输入用户名 telnet@test 及正确的密码,可成功进入 Firewall 的用户界面。

在命令行中输入"display users",进入如图 7.6 所示的页面,可以查看用户 telnet@test 当前在线。

```
[H3C]display users
   Idx  Line      Idle      Time            Pid    Type
   0    CON 0     00:01:41  May 20 00:16:11 13938
 + 68   VTY 0     00:00:00  May 20 00:18:03 13957  TEL

Following are more details.
CON 0        :
             User name: admin
VTY 0        :
             User name: telnet@test
             Location: 192.168.1.12
 +   : Current operation user.
 F   : Current operation user works in async mode.
```

图 7.6

四、任务小结

本任务完成了对本地用户的认证和授权,验证结果显示配置正确。

【思考拓展】

(1)AAA 认证方式有哪几种?

(2)在 HCL 上配置一个本地认证。

【证赛精华】

本项目涉及 H3CNE-Security 认证考试(GB0-510)和全国职业院校技能大赛(信息安全管理与评估)的相关要求:

(1)认证考试点:防火墙用户管理——AAA 技术原理

要求掌握什么是 AAA、AAA 认证方式、RADIUS 认证、RADIUS 报文结构、RADIUS 属性、RADIUS 配置、HWTACACS 认证、HWTACACS 配置、LDAP 认证、LDAP 配置等。

(2)竞赛知识点与技能点:网络安全设备配置与防护——访问控制

实现基于用户角色的带宽控制、QoS 策略等功能。

❋ 项目评价

评价维度	评价标准/内容	分值/分	自评(20%)/分	互评(20%)（各成员计算平均分）				师评(60%)/分	得分/分
				成员1/分	成员2/分	成员3/分	平均分/分		
知识	a. 对防火墙的 AAA 特点的理解以及线上平台测验完成情况	10							
	b. 对防火墙的 AAA 功能的使用方法的理解以及线上平台测验完成情况	20							
技能	能够对防火墙进行 AAA 的配置	50							
自评素养	a. 已增强网络安全意识	2		/	/	/	/	/	
	b. 已了解《中华人民共和国数据安全法》	1		/	/	/	/	/	
	c. 已了解《中华人民共和国网络安全法》	1		/	/	/	/	/	
互评素养	a. 踊跃参与,表现积极	1	/					/	
	b. 经常鼓励/督促小组其他成员积极参与协作	1	/					/	
	c. 能够按时完成工作和学习任务	1	/					/	
	d. 对小组贡献突出	1	/					/	
师评素养	a. 积极主动参加教学活动	6	/	/	/	/	/		
	b. 逻辑清晰、具有科学思维	3	/	/	/	/	/		
	c. 已了解《中华人民共和国网络安全法》	3	/	/	/	/	/		
综合得分									
问题分析和总结									

续表

学习体会	
组　号		姓　名		教师签名	

项目8

配置二、三层转发

网络安全典型案例——某企业不履行个人信息保护义务案

2021年7月,某地公安机关在工作中发现某企业未按约加强对签约代理商的安全培训和日常监管,未采取必要的监管和技术措施保护公民个人信息,致使签约代理商员工利用职务之便,在为客户办理手机号开卡及其他通信业务时,违规向他人提供客户手机号码和短信验证码,恶意注册、出售网络账号,并非法获利,造成公民个人信息严重受损,该企业涉嫌不履行个人信息保护义务。公安机关根据《中华人民共和国网络安全法》第二十二条、第四十一条和第四十六条规定,对该企业处行政警告处罚,对该企业签约代理商李某某,违法行为人赵某某、罗某某、舒某某分别立为刑事案件和行政案件进行侦查和查处。

案例警示:企业在开展业务过程中获取并留存大量公民个人信息,安全保护措施的落实情况直接关系到公民个人信息安全,企业对数据信息保护措施落实不到位,责任领导和工作人员漠视管理制度,造成危害后果必将受到法律严惩。

学习目标

【知识目标】

(1)掌握防火墙的普通二层转发工作机制;

(2)掌握防火墙的三层转发工作机制。

【技能目标】

(1)能够配置防火墙的二层转发功能;

(2)能够配置防火墙的三层转发功能。

【素质目标】

(1)了解《中华人民共和国个人信息保护法》;

(2)培养学生网络安全和个人信息保护意识;

(3)了解《中华人民共和国网络安全法》。

项目描述

网络安全管理员小王经常会采用防火墙的普通二层转发和三层转发功能,包括两种情况:

(1)采用普通二层转发功能实现访问控制。普通二层转发配置组网图如图8.1所示。

(2)实现跨VLAN三层转发后不同域的PC互访。VLAN虚接口三层转发典型配置组网图如图8.2所示。

项目组网图

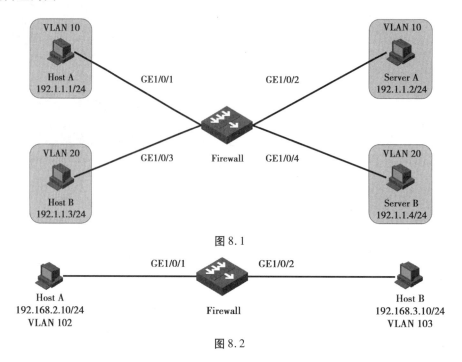

图 8.1

图 8.2

🌐 任务 1　普通二层转发

一、任务导入

如图 8.1 所示,Host A 和 Server A 属于 VLAN10,Host B 和 Server B 属于 VLAN20。要求实现如下功能:

(1)允许 Host A 在周一至周五访问 Server A,其他时间不可以访问。

(2)Host B 只可以访问 Server B 的 FTP 服务,其他服务不可以访问。

本任务通过 H3C SecPath F1060 防火墙实现。

二、必备知识

1. 普通二层转发的工作机制

如果设备接收到的报文目的 MAC 地址匹配三层接口的 MAC,则通过设备的三层接口进行三层转发;否则通过设备的二层以太网接口进行二层转发。

二层转发根据报文的目的 MAC 地址查找 MAC 地址表,得到报文的发送端口,然后将报文发送出去。

2. INLINE 转发的工作机制

高端防火墙支持二层 INLINE 转发,二层 INLINE 转发分为转发类型、反射类型、黑洞类型三种,工作机制分别如下:

●转发类型 INLINE:用户通过配置直接指定从某接口入的报文从特定接口出。此时,报文转发不再根据 MAC 表进行,而是根据用户指定的一组配对接口进行转发,发送到设备的报文从其中一个接口进入后从另一个接口转发出去。一个完整的 INLINE 转发包括用于标识 INLINE 的 ID 和两个接口。

●反射类型 INLINE:用户通过配置将某接口收到的报文处理完以后,还从该接口发送出去。一个完整的 INLINE 转发包括用于标识 INLINE 的 ID 和一个接口。

●黑洞类型 INLINE:用户通过配置将某接口收到的报文处理完以后丢弃。一个完整的 INLINE 转发包括用于标识 INLINE 的 ID 和一个接口。

三、任务实施

1. Firewall 的配置

在导航栏选择"网络→接口",将 GE1/0/1;GE1/0/2;GE1/0/3;GE1/0/4 四个接口由默认的三层接口修改为二层接口。以 GE1/0/1 为例,如图 8.3 所示。

图 8.3

在导航栏选择"网络→链路→VLAN",进入如图 8.3 所示的"VLAN 配置"页面,然后单击"新建"按钮,新建 VLAN10 和 VLAN20,单击"确定"按钮完成配置,如图 8.4、图 8.5。

图 8.4

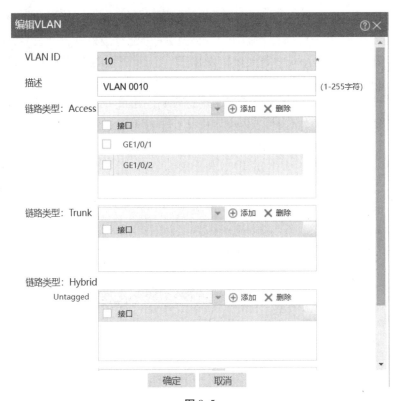

图 8.5

在导航栏中选择"设备管理→安全域"页面,单击"新建"按钮,创建如图 8.6 所示的安全域。

图 8.6

然后编辑安全域,把接口 GE1/0/1 加入 vlan10-untrust、GE1/0/2 加入 vlan10-trust;GE1/0/3 加入 vlan20-untrust、GE1/0/4 加入 vlan20-trust,如图 8.7 所示。

图 8.7

在导航栏中选择"对象→对象组→时间段"页面,单击"新建"按钮,创建如图8.8所示的时间段。

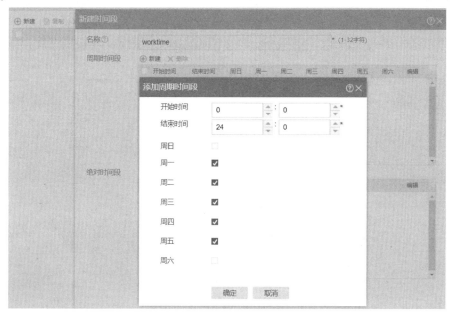

图8.8

在导航栏中选择"策略→安全策略",单击"新建"按钮,创建如图8.9、图8.10所示的域间策略。创建后如图8.11所示。新建安全策略后,需要单击"立即加速"才能生效。

图8.9

图 8.10

图 8.11

2. 验证配置

（1）Host A 可以在周一至周五时间段访问 Server A。

（2）Host B 可以通过 FTP 访问 Server B，不可以通过其他服务访问 Server B。

四、任务小结

本任务通过创建 Vlan，对防火墙进行域间策略设定可以在二层实现访问控制。

✿ 任务2　VLAN 虚接口三层转发典型配置

一、任务导入

如图 8.2 所示，Host A 加入安全域 Trust，Host B 加入安全域 Untrust，要求通过配置 Vlan-interface 实现跨 VLAN 三层转发后 Host A 可以 Ping 通 Host B。

本任务通过 H3C SecPath F1060 防火墙实现。

二、必备知识

1. 三层转发

三层转发包括三层子接口转发和跨 VLAN 三层转发。

2. 配置三层子接口转发

为了实现三层子接口转发特性,需要在交换机和防火墙插卡上进行以下配置。

1)交换机

(1)创建两个 VLAN,把报文出入端口加入不同的 VLAN;

(2)配置交换机与防火墙插卡相连的万兆以太网口为 Trunk 类型,允许上述两个 VLAN 通过。

2)防火墙插卡

(1)配置防火墙插卡与交换机相连的万兆以太网物理接口工作在路由模式;

(2)为防火墙插卡与交换机相连的万兆以太网口创建两个子接口,子接口的封装格式为 dot1q,并分别和交换机创建的两个 VLAN 的 ID 相关联:

- 为两个子接口分别配置 IP 地址;
- 把防火墙插卡与交换机相连的万兆以太网口的两个子接口加入相应的安全域。

三、任务实施

1. Vlan-interface 配置

在导航栏中选择"网络→链路→VLAN",进入如图 8.3 所示的"VLAN 配置"页面,然后单击"新建"按钮,按照如图 8.12 所示新建 VLAN102 和 VLAN103,单击"确定"按钮完成配置。

VLAN	Untagged端口	Tagged端口	VLAN接口IP地址	描述	编辑
1	4	0	--	VLAN 0001	
102	0	0	--	VLAN 0102	
103	0	0	--	VLAN 0103	

图 8.12

配置 GigabitEthernet0/1 和 GigabitEthernet0/2 接口为 Access 类型接口,并分别加入 VLAN 102 和 VLAN 103,配置如图 8.13 所示。

VLAN	Untagged端口	Tagged端口	VLAN接口IP地址	描述	编辑
1	2	0	--	VLAN 0001	
102	1 GigabitEthernet1/0/1	0	--	VLAN 0102	
103	1 GigabitEthernet1/0/2	0	--	VLAN 0103	

图 8.13

在导航栏中选择"网络→接口→接口",单击"新建"按钮,新建 Vlan-interface 102,并配置 IP 地址为 192.168.2.1/24,加入 Trust 安全域;新建 Vlan-interface 103,并配置 IP 地址为 192.168.3.1/24,加入 Untrust 安全域,配置如图 8.14 所示。

图 8.14

在导航栏中选择"策略→安全策略",单击"新建"按钮,新建如图 8.15 所示的域间策略,允许 Host A 访问 Host B。新建安全策略后,需要单击"立即加速"才能生效。

图 8.15

2. 验证配置

Host A 可以 Ping 通 Host B。

四、任务小结

H3C Comware V7 平台防火墙的机制与 V5 平台防火墙有较大区域,一是安全区域不再有优先级的概念,所有区域之间默认都不通,如果要通,必须配置安全策略;另外,域间策略改为了安全策略,安全策略与域间策略最大的区别在于简化了配置,可以通过一条策略实现多个安全区域对多个安全区域的访问控制。由于 Untrust 域的优先级比 Trust 域的低,所以将接口 GigabitEthernet0/2 加入 Untrust 域之后,可以阻止 Host B 访问 Host A。另外,为了实现在 Host A 到 Host B 之间的跨 VLAN 三层转发,需要为 VLAN 102 和 VLAN 103 配置 VLAN 虚接口,用于提供网关业务,同时需要创建安全策略允许 Host A 访问 Host B。

【思考拓展】

> 二层转发和三层转发的区别在哪里?

【证赛精华】

> 本项目涉及 H3CNE-Security 认证考试(GB0-510)和全国职业院校技能大赛(信息安全管理与评估)的相关要求:
>
> (1)认证考试点:防火墙基础技术——防火墙的组网方式。
>
> 必须掌握防火墙二层模式的原理和三层模式的原理及其配置方法。
>
> (2)竞赛知识点与技能点:网络安全设备配置与防护——访问控制。
>
> 二三层转发也是访问控制的重要安全策略。

❋ 项目评价

评价维度	评价标准/内容	分值/分	自评(20%)/分	互评(20%)(各成员计算平均分)				师评(60%)/分	得分/分
				成员1/分	成员2/分	成员3/分	平均分/分		
知识	a. 对防火墙的普通二层转发工作机制的理解以及线上平台测验完成情况	15							
	b. 对防火墙的三层转发工作机制的理解以及线上平台测验完成情况	15							
技能	a. 能够对防火墙配置二层转发	25							
	b. 能够对防火墙配置三层转发	25							
自评素养	a. 已增强网络安全意识和个人信息保护意识	2		/	/	/	/	/	
	b. 已增强防范意识	1		/	/	/	/	/	
	c. 已了解《中华人民共和国网络安全法》	1		/	/	/	/	/	
互评素养	a. 踊跃参与, 表现积极	1	/					/	
	b. 经常鼓励/督促小组其他成员积极参与协作	1	/					/	
	c. 能够按时完成工作和学习任务	1	/					/	
	d. 对小组贡献突出	1	/					/	
师评素养	a. 积极主动参加教学活动	6	/	/	/	/	/		
	b. 具有科学思维	3	/	/	/	/	/		
	c. 具有创新意识	3	/	/	/	/	/		
综合得分									
问题分析和总结									

续表

学习体会	
组　号	姓　名　　　　　　教师签名

模块 2

脉脉相通——配置 VPN

项目9

配置GRE建立隧道

网络安全典型案例——某公司不履行网络信息安全管理义务案

2021年4月,某地公安机关对辖区某公司开展网络安全监督检查时,发现该公司上架购买的版权歌曲,未对歌曲内容进行审核,未及时删除违法有害信息,造成违法有害信息在互联网上传播,该公司在实际工作中未履行网络信息安全管理义务。公安机关根据《中华人民共和国网络安全法》第四十七条和第六十四条之规定,对该公司作出罚款50万元的行政处罚。

案例警示:网络运营者应当加强对其用户发布信息的管理,发现法律、行政法规禁止发布或者传输的信息,应当立即停止传输该信息,采取消除等处置措施,防止信息扩散,保存有关记录,并向有关部门报告。

学习目标

VPN 技术

【知识目标】

(1)了解 GRE 的工作原理;

(2)了解 GRE 的配置方法。

【技能目标】

能够登录安全设备配置 GRE 建立隧道。

【素质目标】

(1)能通过网络弘扬正能量;

(2)培养遵从标准、严守规则的规范意识;

(3)了解《中华人民共和国网络安全法》。

项目描述

GRE(Generic Routing Encapsulation,通用路由封装)适用于远程网络的连接,因此,通常采用 GRE 连接不同的局域网,GRE over IPv4 隧道配置组网如图9.1所示。

项目组网图

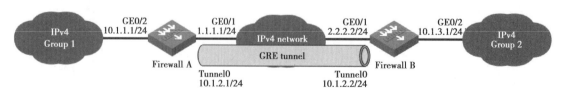

图 9.1

✿ **任务**1 配置 Firewall A

一、任务导入

Firewall A 和 Firewall B 之间通过 Internet 相连且路由可达。运行 IP 协议的私有网络的两个子网 Group 1 和 Group 2,通过在两台设备之间使用 GRE 建立隧道实现互联。

GRE VPN 需要配置两端,我们首先配置 Firewall A。

本任务通过 H3C SecPath F1060 防火墙实现。

二、必备知识

1.隧道技术

隧道技术利用一种网络协议传输另一种网络协议,即用一种网络协议将其他网络协议的数据报文封装在自己的报文中,然后在网络中传输。封装后的数据报文在网络中传输的路径,称为隧道。隧道是一条虚拟的点对点连接,隧道的两端需要对数据报文进行封装及解封装。隧道技术就是指包括数据封装、传输和解封装在内的全过程。

2.GRE

GRE 协议是对某些网络层协议(如 IP 和 IPX)的数据报文进行封装,使这些被封装的数据报文能够在另一个网络层协议(如 IP)中传输。封装后的数据报文在网络中传输的路径称为 GRE 隧道。GRE 隧道是一个虚拟的点到点的连接,其两端的设备分别对数据报进行封装及解封装。

3.GRE 封装后的报文格式

GRE 封装后的报文包括如下三个部分,如图9.2 所示。

• Payload packet(净荷数据):需要封装和传输的数据报文。净荷数据的协议类型称为乘客协议(Passenger protocol)。

• GRE header(GRE 头):系统收到净荷数据后,在净荷数据上添加 GRE 头,使其成为 GRE 报文。对净荷数据进行封装的 GRE 协议,称为封装协议(Encapsulation protocol)。

• Delivery header(传输协议的报文头):负责转发封装后报文的网络协议,称为传输协议(Transport protocol 或 Delivery protocol)。在 GRE 报文上需要增加传输协议的报文头,以便传输协议对封装后的报文进行转发处理。

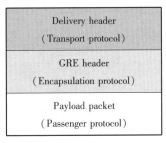

图9.2

4. GRE over IPv4 隧道接口的详细配置

新建 GRE over IPv4 隧道接口的详细配置如表9.1所示。

表9.1 新建 GRE over IPv4 隧道接口的详细配置表

配置项	说　明
Tunnel 接口编号	设置 Tunnel 接口的编号
IP 地址/掩码	设置 Tunnel 接口的 IP 地址和子网掩码。 提示： 在 Tunnel 接口配置的静态路由的目的地址不能与 Tunnel 接口的 IP 地址在同一网段
接口所属安全域	设置 Tunnel 接口所属的安全域
隧道源端地址/接口	设置 Tunnel 接口的隧道源端 IP 地址和隧道目的端 IP 地址。对于隧道源端地址，可以手动输入一个 IP 地址；也可以选择一个接口，用该接口的主 IP 地址作为隧道源端地址。
隧道目的端地址	提示： 隧道源端地址与目的端地址唯一标识了一个隧道。隧道两端必须配置源端地址与目的端地址，且两端地址互为源端地址和目的端地址
GRE 密钥	设置 Tunnel 接口的密钥，通过这种弱安全机制防止错误地识别或接收其他地方来的报文。 提示： 隧道两端要么设置相同的密钥，要么都不设置密钥
GRE 报文校验和功能	设置是否启用 Tunnel 接口的 GRE 报文校验和功能，从而验证报文的正确性，并丢掉验证不通过的报文
发送 Keepalive 报文	设置是否启用 GRE 的 Keepalive 功能，探测 Tunnel 接口的状态； 当启用了发送 Keepalive 报文后，设备会从 Tunnel 口定期发送 GRE 的 Keepalive 报文； 如果在指定的间隔时间内没有收到隧道对端的回应，则本端重新发送 Keepalive 报文； 如果超过指定的最大发送次数后仍然没有收到对端的回应，则把本端 Tunnel 口的协议连接 down 掉；如果 Tunnel 口为 down 状态，当收到对端回复的 Keepalive 确认报文时，Tunnel 接口的状态将转换为 up，否则保持 down 状态
发送 Keepalive 报文间隔	当选择"启用"发送 Keepalive 报文时，设置 Keepalive 报文的发送时间间隔
发送 Keepalive 报文次数	当选择"启用"发送 Keepalive 报文时，设置 Keepalive 报文的最大发送次数

三、任务实施

1. 配置各接口的 IP 地址和所属安全域(略)

2. 新建 GRE over IPv4 隧道接口

步骤 1:在导航栏中选择"网络→VPN→GRE"。

步骤 2:单击"新建"按钮。

步骤 3:进行如下配置,如图 9.3 所示。

- 输入 Tunnel 接口编号为"0"。
- 输入 IP 地址/掩码为"10.1.2.1/24"。
- 选择接口所属安全域为"Trust"(此配置项根据实际组网情况指定)。
- 输入隧道源端地址为"1.1.1.1"(GigabitEthernet0/1 的 IP 地址)。
- 输入隧道目的端地址为"2.2.2.2"(Firewall B 的 GigabitEthernet0/1 的 IP 地址)。
- 单击"确定"按钮完成操作。

图 9.3

3. 配置从 Firewall A 经过 Tunnel 0 接口到 Group 2 的静态路由

步骤 1:在导航栏中选择"网络管理→路由管理→静态路由"。

步骤 2:单击"新建"按钮。

步骤 3:进行如图 9.4 所示的配置。

- 输入目的 IP 地址为"10.1.3.0"。
- 选择掩码为"255.255.255.0"。
- 选择出接口为"Tunnel 0"。

图 9.4

步骤 4：单击"确定"按钮完成操作。

四、任务小结

本任务配置了 GRE VPN 一端的隧道接口信息以及经过 Tunnel 0 接口到 Group 2 的静态路由。

⚙ 任务 2 配置 Firewall B

一、任务导入

如图 9.1 所示，在配置 Firewall A 后，需要配置 Firewall B，以实现两个局域网的互联。本任务通过 H3C SecPath F1060 防火墙实现。

二、必备知识

GRE 提供了以下四种应用环境。

(1)多协议的本地网通过单一协议的骨干网传输，如图 9.5 所示。

(2)扩大跳数受限协议(如 RIP)的工作范围，如图 9.6 所示。

(3)将一些不能连续的子网连接起来，用于组建 VPN，如图 9.7 所示。

(4)与 IPSec 结合使用，如图 9.8 所示。

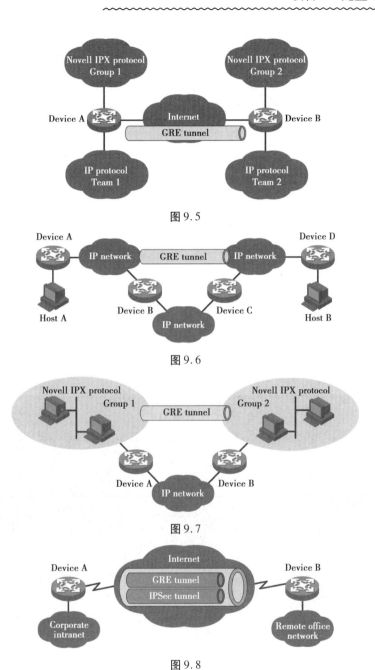

图 9.5

图 9.6

图 9.7

图 9.8

三、任务实施

Firewall B 与 Firewall A 上配置的页面图相似,此处不再提供,请参照本项目任务 1。

1.配置各接口的 IP 地址和所属安全域(略)

2.新建 GRE over IPv4 隧道接口

步骤 1:在导航栏中选择"网络→VPN→GRE"。

步骤 2:单击"新建"按钮。

步骤 3:进行如下配置。

- 输入 Tunnel 接口编号为"0"。
- 输入 IP 地址/掩码为"10.1.2.2/24"。
- 选择接口所属安全域为"Trust"（此配置项根据实际组网情况指定）。
- 输入隧道源端地址为"2.2.2.2"（GigabitEthernet0/1 的 IP 地址）。
- 输入隧道目的端地址为"1.1.1.1"（Firewall A 的 GigabitEthernet0/1 的 IP 地址）。

步骤 4：单击"确定"按钮完成操作。

3. 配置从 Firewall B 经过 Tunnel 0 接口到 Group 1 的静态路由

步骤 1：在导航栏中选择"网络管理→路由管理→静态路由"。

步骤 2：单击"新建"按钮。

步骤 3：进行如下配置。

- 输入目的 IP 地址为"10.1.1.0"。
- 选择掩码为"255.255.255.0"。
- 选择出接口为"Tunnel 0"。

步骤 4：单击"确定"按钮完成操作。

4. 配置结果验证

（1）完成上述配置后，在 Firewall A 输入命令行 display interface tunnel 0，可以查看到 Tunnel 0 的接口状态，如图 9.9 所示。

```
[H3C]display interface Tunnel 0
Tunnel0
Current state: UP
Line protocol state: UP
Description: Tunnel0 Interface
Bandwidth: 64 kbps
Maximum transmission unit: 1476
Internet address: 10.1.2.1/24 (Primary)
Tunnel source 1.1.1.1, destination 2.2.2.2
Tunnel keepalive disabled
Tunnel TTL 255
Tunnel protocol/transport GRE/IP
    GRE key disabled
    Checksumming of GRE packets disabled
Last clearing of counters: Never
Last 300 seconds input rate: 0 bytes/sec, 0 bits/sec, 0 packets/sec
Last 300 seconds output rate: 0 bytes/sec, 0 bits/sec, 0 packets/sec
Input: 0 packets, 0 bytes, 0 drops
Output: 0 packets, 0 bytes, 0 drops
```

图 9.9

（2）从 Firewall B 可以 Ping 通 Firewall A 上 GigabitEthernet0/2 接口的地址。

```
<FirewallB>ping 10.1.1.1
PING 10.1.1.1: 56 data bytes, press CTRL_C to break
Reply from 10.1.1.1: bytes=56 Sequence=1 ttl=255 time=2 ms
Reply from 10.1.1.1: bytes=56 Sequence=2 ttl=255 time=2 ms
Reply from 10.1.1.1: bytes=56 Sequence=3 ttl=255 time=2 ms
Reply from 10.1.1.1: bytes=56 Sequence=4 ttl=255 time=2 ms
Reply from 10.1.1.1: bytes=56 Sequence=5 ttl=255 time=2 ms
```

```
---10.1.1.1 pingstatistics---
5 packet(s) transmitted
5 packet(s) received
0.00% packet loss
round-trip min/avg/max = 1/1/2 ms
```

四、任务小结

Firewall B 配置成功后,通过查看 Tunnel 0 的接口状态,可以判断 GRE VPN 是否连接成功。

【思考拓展】

> 配置一个 GRE 隧道实现互访。

【证赛精华】

> 本项目涉及 H3CNE-Security 认证考试(GB0-510)和全国职业院校技能大赛(信息安全管理与评估)的相关要求:
>
> (1)认证考试点:VPN 原理及配置——GRE VPN。
>
> 内容包括 GRE 封装格式、GRE VPN 工作原理、GRE 如何穿越 NAT,在命令行方式下配置 GRE VPN、在 WEB 方式下配置 GRE VPN 等。
>
> (2)竞赛知识点与技能点:网络安全设备配置与防护——密码学和 VPN。
>
> 掌握配置 GRE 隧道的技能。

❋ 项目评价

评价维度	评价标准/内容	分值/分	自评(20%)/分	互评(20%)(各成员计算平均分)				师评(60%)/分	得分/分
				成员1/分	成员2/分	成员3/分	平均分/分		
知识	a. 对 GRE 的工作原理的理解以及线上平台测验完成情况	15							
	b. 对 GRE 的配置方法的理解以及线上平台测验完成情况	15							

续表

评价维度	评价标准/内容	分值/分	自评(20%)/分	互评(20%)（各成员计算平均分）				师评(60%)/分	得分/分
				成员1/分	成员2/分	成员3/分	平均分/分		
技能	能够登录安全设备配置GRE建立隧道	50							
自评素养	a. 已提高网络文明素养	2		/	/	/	/	/	
	b. 已增强规范意识	1		/	/	/	/	/	
	c. 已了解《中华人民共和国网络安全法》	1		/	/	/	/	/	
互评素养	a. 踊跃参与,表现积极	1	/					/	
	b. 经常鼓励/督促小组其他成员积极参与协作	1	/					/	
	c. 能够按时完成工作和学习任务	1	/					/	
	d. 对小组贡献突出	1	/					/	
师评素养	a. 积极主动参加教学活动	6	/	/	/	/	/		
	b. 具有分析和解决问题的能力	3	/	/	/	/	/		
	c. 已了解《中华人民共和国网络安全法》	3	/	/	/	/	/		
综合得分									
问题分析和总结									
学习体会									

组　号		姓　名		教师签名	

项目10

配置L2TP VPN应用典型案例

网络安全典型案例——某物业公司不落实安全技术保护措施案

2021年2月,某地公安机关执法检查发现辖区某物业公司安装人脸识别门禁系统,先后收集业主姓名、身份证号码、住址门牌和人脸识别照片等个人信息共计6 000余条,该物业公司采集公民个人信息未落实安全技术保护措施,存储公民个人信息的计算机未指定专人保管负责,且存在登录密码保存可直接点击登录等网络安全管理漏洞和个人信息泄漏风险。公安机关根据《中华人民共和国网络安全法》第二十一条、第五十九条规定,对该物业公司给予警告的行政处罚。

案例警示:收集公民个人信息,必须事先取得当事人同意,没有提示风险,在未征得居民同意情况下收集人脸识别等个人信息数据,属于非法获取,涉嫌"侵犯公民个人信息罪"。同时,企业应兼顾效益与安全,采取技术措施和其他必要措施,确保其收集的个人信息数据安全。

学习目标

【知识目标】

(1)了解 L2TP VPN 的工作原理;

(2)了解 L2TP VPN 的配置方式。

L2TP VPN

【技能目标】

(1)能够配置 L2TP 的用户侧;

(2)能够配置 L2TP 的 LNS;

(3)能够建立 L2TP 的连接。

【素质目标】

(1)培养个人信息保护意识;

(2)培养敬畏法律、恪守底线的法律意识;

(3)了解《中华人民共和国网络安全法》。

项目描述

L2TP VPN 是目前使用最为广泛的 VPDN 隧道协议之一。为远端用户与私有企业网提供了一种经济而有效的点到点连接方式。Client-Initiated VPN 配置组网图如图 10.1 所示,VPN 用户访问公司总部过程如下:

(1)用户首先连接 Internet,之后直接由用户向 LNS 发起 Tunnel 连接的请求。

(2)在 LNS 接受此连接请求之后,VPN 用户与 LNS 之间就建立了一条虚拟的 L2TP tunnel。

（3）用户与公司总部间的通信都通过 VPN 用户与 LNS 之间的隧道进行传输。

项目组网图

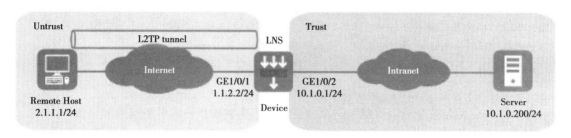

图 10.1

✦ 任务1 配置 L2TP VPN

一、任务导入

在用户侧主机上利用 Windows 系统创建虚拟专用网络连接，或安装 L2TP 的客户端软件，如 WinVPN Client，通过拨号方式连接到 Internet。用户侧主机的 IP 地址为 2.1.1.1。配置路由，使得用户侧主机与 LNS（IP 地址为 1.1.2.2）之间路由可达。

本任务通过 H3C SecPath F1000 防火墙实现。

二、必备知识

1. VPDN

VPDN（Virtual Private Dial-up Network，虚拟专用拨号网络）是指利用公共网络（如 ISDN 或 PSTN）的拨号功能接入公共网络，实现虚拟专用网，从而为企业、小型 ISP、移动办公人员等提供接入服务。

2. VPDN 类型

VPDN 隧道协议主要包括以下三种：

- PPTP（Point-to-Point Tunneling Protocol，点到点隧道协议）
- L2F（Layer 2 Forwarding，二层转发）
- L2TP（Layer 2 Tunneling Protocol，二层隧道协议）

3. L2TP

L2TP 结合了 L2F 和 PPTP 的各自优点，是目前使用最为广泛的 VPDN 隧道协议之一。

L2TP，第二层隧道协议，是为在用户和企业的服务器之间透明传输 PPP 报文而设置的隧道协议。

L2TP（RFC 2661）是一种对 PPP 链路层数据包进行封装，并通过隧道进行传输的技术。L2TP 允许连接用户的二层链路端点和 PPP 会话终点驻留在通过分组交换网络连接的不同设备上，从而扩展了 PPP 模型，使得 PPP 会话可以跨越分组交换网络，如 Internet。

4. L2TP 网络组件

构建的 VPDN 中,网络组件包括以下三个部分,如图 10.2 所示:

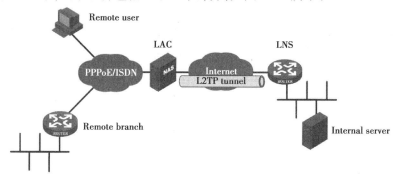

图 10.2

* 远端系统;
* LAC(L2TP Access Concentrator,L2TP 访问集中器);
* LNS(L2TP Network Server,L2TP 网络服务器)。

5. LAC

LAC 是具有 PPP 和 L2TP 协议处理能力的设备,通常是一个当地 ISP 的 NAS,主要用于为 PPP 类型的用户提供接入服务。

LAC 作为 L2TP 隧道的端点,位于 LNS 和远端系统之间,用于在 LNS 和远端系统之间传递信息包。它把从远端系统收到的信息包按照 L2TP 协议进行封装并送往 LNS,同时也将从 LNS 收到的信息包进行解封装并送往远端系统。

VPDN 应用中,LAC 与远端系统之间通常采用 PPP 链路。

6. LNS

LNS 既是 PPP 端系统,又是 L2TP 协议的服务器端,通常作为一个企业内部网的边缘设备。

LNS 作为 L2TP 隧道的另一侧端点,是 LAC 的对端设备,是 LAC 进行隧道传输的 PPP 会话的逻辑终止端点。通过在公网中建立 L2TP 隧道,将远端系统的 PPP 连接由原来的 NAS 在逻辑上延伸到了企业网内部的 LNS。

7. 三种典型的 L2TP 隧道模式

1) NAS-Intiated L2TP 隧道模式

如图 10.3 所示,由 LAC 端(指 NAS)发起 L2TP 隧道连接。远程系统的拨号用户通过 PPPoE/ISDN 拨入 LAC,由 LAC 通过 Internet 向 LNS 发起建立隧道连接请求。拨号用户的私网地址由 LNS 分配;对远程拨号用户的验证与计费既可由 LAC 侧代理完成,也可在 LNS 侧完成。

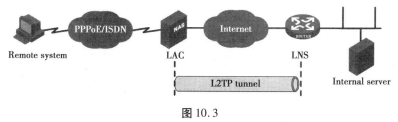

图 10.3

2）Client-Initiated L2TP 隧道模式

图 10.4 所示,直接由 LAC 客户(指本地支持 L2TP 协议的用户)发起 L2TP 隧道连接。LAC 客户获得 Internet 访问权限后,可直接向 LNS 发起隧道连接请求,无须经过一个单独的 LAC 设备建立隧道。LAC 客户的私网地址由 LNS 分配。

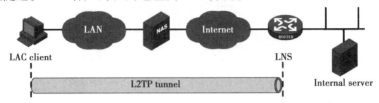

图 10.4

在 Client-Initiated 模式下,LAC 客户需要具有公网地址,能够直接通过 Internet 与 LNS 通信。

3）LAC-Auto-Initiated L2TP 隧道模式

采用 NAS-Intiated 方式建立 L2TP 隧道时,要求远端系统必须通过 PPPoE/ISDN 等拨号方式拨入 LAC,且只有远端系统拨入 LAC 后,才能触发 LAC 向 LNS 发起建立隧道连接的请求。

在 LAC-Auto-Initiated 模式下,如图 10.5 所示,LAC 上创建一个虚拟的 PPP 用户,执行 l2tp-auto-client enable 命令后,LAC 将自动向 LNS 发起建立隧道连接的请求,为该虚拟 PPP 用户建立 L2TP 隧道。远端系统访问 LNS 连接的内部网络时,LAC 将通过 L2TP 隧道转发这些访问数据。

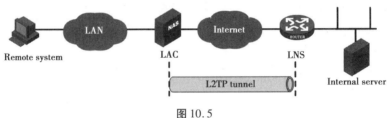

图 10.5

在该模式下,远端系统和 LAC 之间可以是任何基于 IP 的连接,不局限于拨号连接。

8. L2TP 隧道模式的典型配置项

L2TP 用户组的典型配置项如表 10.1 所示。

表 10.1　L2TP 用户组的详细配置项

配置项	说　明
L2TP 用户组名称	设置 L2TP 用户组的名称
对端隧道名称	设置隧道对端的名称。接收到 LAC 发来的创建隧道请求后,LNS 需要检查 LAC 的名称是否与合法隧道对端名称相符,从而决定是否允许隧道对方创建隧道
本端隧道名称	在设置隧道本端的名称缺省的情况下,隧道本端的名称为系统的名称

续表

配置项		说 明
隧道验证		设置是否在该组中启用 L2TP 隧道验证功能。当选择启用隧道验证时需要
隧道验证密码		设置隧道验证密码,隧道验证请求可由 LAC 或 LNS 任何一侧发起;只要一方启用了隧道验证,则只有在对端也启用了隧道验证,两端密码完全一致并且不为空的情况下,隧道才能建立;否则本端将自动将隧道连接断开。若隧道两端都配置了禁止隧道验证,隧道验证密码一致与否将不起作用 💡 提示: ● 为了保证隧道安全,用户最好不要禁用隧道验证功能。如果为了进行网络联通性测试或者接收不知名对端发起的连接,则也可不进行隧道验证。 ● 如果要修改隧道验证密码,请在隧道完全拆除后进行,否则修改的密码不生效
PPP 认证配置	PPP 认证方式	设置本端对 PPP 用户进行身份认证的认证方式,包括 None、PAP 和 CHAP,None 表示不进行身份认证
	ISP 域名	设置用户进行身份认证时采用的 ISP 域的名称可以通过配置项后面的三个按钮新建 ISP 域供选择;修改当前选中的 ISP 域的配置;或者删除当前选中的 ISP 域
PPP 地址配置	PPP Server 地址/掩码	设置本端的 IP 地址和掩码,即创建的虚拟模板接口的 IP 地址和掩码
	PPP Server 所属安全域	设置本端所属的安全域,即创建的虚拟模板接口所属的安全域;注意不能设置为 Management 安全域,否则无法建立 L2TP 隧道
	用户地址	设置本端为 PPP 用户分配地址所用的地址池(或直接为 PPP 用户分配一个 IP 地址,可以直接输入为用户分配的 IP 地址),也可以选择一个地址池;通过配置项后面的三个按钮,可以新建地址池,或修改当前选中的地址池,或删除当前选中的地址池; 当需要对 PPP 用户进行身份认证时,用户地址选择 Auto Assigned,按照编号从小到大依次使用相应 ISP 域下的地址池给用户分配 IP 地址
	强制分配地址	设置是否强制对端使用本端为其分配的 IP 地址,即是否允许对端使用自行配置的 IP 地址
高级	Hello 报文间隔	设置发送 Hello 报文的时间间隔。为了检测 LAC 和 LNS 之间隧道的联通性,LAC 和 LNS 会定期向对端发送 Hello 报文,接收方接收到 Hello 报文后会进行响应。当 LAC 或 LNS 在指定时间间隔内未收到对端的 Hello 响应报文时,重复发送,如果重复发送 3 次仍未收到对端的响应信息则认为 L2TP 隧道已经断开,需要在 LAC 和 LNS 之间重新建立隧道连接 LNS 端(可以配置与 LAC 端不同的 Hello 报文间隔)

续表

配置项		说　明
高级	AVP 数据隐藏	设置是否采用隐藏方式传输 AVP（Attribute Value Pair，属性值对）数据。L2TP 协议的一些参数是通过 AVP 数据来传输的，如果用户对这些数据的安全性要求高，则可以将 AVP 数据的传输方式配置成隐藏传输，即对 AVP 数据进行加密，该配置项对 LNS 端无效（L2TP 不支持解析隐藏的 Chanllenge AVP 和 challengeresponse AVP 属性）
	流量控制	设置是否启用 L2TP 隧道流量控制功能。L2TP 隧道流量控制功能应用在数据报文的接收与发送过程中。启用流量控制功能后，会对接收到的乱序报文进行缓存和调整
	强制本端 CHAP 认证	设置 LNS 侧的用户验证。 当 LAC 对用户进行认证后，为了增强安全性，LNS 可以再次对用户进行认证，只有两次认证全部成功后，L2TP 隧道才能建立。在 L2TP 组网中，LNS 侧的用户认证方式有三种：强制本端 CHAP 认证、强制 LCP 重协商和代理认证 💡提示： ●强制本端 CHAP 认证：启用此功能后，对于由 NAS 初始化（NAS-Initiated）隧道连接的 VPN 用户端来说，会经过两次认证。一次是用户端在接入服务器端的认证，另一次是用户端在 LNS 端的 CHAP 认证。 ●强制 LCP 重协商：对由 NAS 初始化隧道连接的 PPP 用户端，在 PPP 会话开始时，用户先和 NAS 进行 PPP 协商。若协商通过，则由 NAS 初始化 L2TP 隧道连接，并将用户信息传递给 LNS，由 LNS 根据收到的代理验证信息，判断用户是否合法。但在某些特定情况下（如在 LNS 侧也要进行认证与计费），需要强制 LNS 与用户间重新进行 LCP 协商，此时将忽略 NAS 侧的代理认证信息。 ●代理认证：如果强制本端 CHAP 认证和强制 LCP 重协商功能都不启用，则 LNS 对用户进行的是代理认证。在这种情况下，LAC 将它重用得到的所有认证信息及 LAC 端本身配置的认证方式发送给 LNS。 ●三种认证方式中，强制 LCP 重协商的优先级最高，如果在 LNS 上同时启用强制 LCP 重协商和强制本端 CHAP 认证，L2TP 将使用强制 LCP 重协商，并采用 L2TP 用户组中配置的 PPP 认证方式。 ●一些 PPP 用户端可能不支持进行二次认证，这时，本端的 CHAP 认证会失败。 ●启用强制 LCP 重协商时，如果 L2TP 用户组中配置的 PPP 认证方式为不进行认证，则 LNS 将不对接入用户进行二次认证（这时用户只在 LAC 侧接受一次认证），直接将全局地址池的地址分配给 PPP 用户端。 ●LNS 侧使用代理验证，且 LAC 发送给 LNS 的用户验证信息合法时，如果 L2TP 用户组配置的验证方式为 PAP，则代理验证成功，允许建立会话；如果 L2TP 用户组配置的验证方式为 CHAP，而 LAC 端配置的验证方式为 PAP，则由于 LNS 要求的 CHAP 验证级别高于 LAC 能够提供的 PAP 验证，代理验证失败，不允许建立会话

三、任务实施

1. Device 的配置

1）配置接口 IP 地址和安全域

步骤 1：选择"网络→接口→接口"，进入接口配置页面，如图 10.6 所示。

步骤 2：单击接口 GE1/0/1 右侧的按钮，参数配置如下：

- 安全域：Untrust。
- 选择"IPv4 地址"页签，配置 IP 地址/掩码：1.1.2.2/24。
- 其他配置项使用缺省值。

步骤 3：单击"确定"按钮，完成接口 IP 地址和安全域的配置。

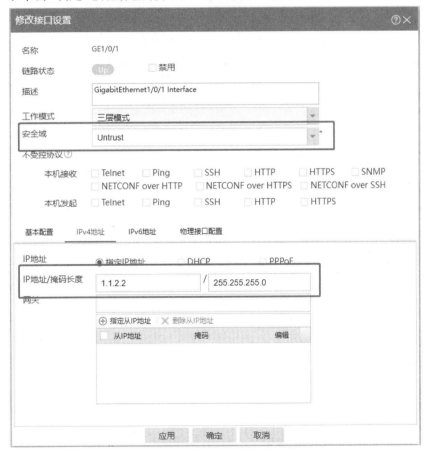

图 10.6

步骤 4：如图 10.7 所示，单击接口 GE1/0/2 右侧的按钮，参数配置如下：

- 安全域：Trust。
- 选择"IPv4 地址"页签，配置 IP 地址/掩码：10.1.0.1/24。
- 其他配置项使用缺省值。

步骤 5：单击"确定"按钮，完成接口 IP 地址和安全域的配置。

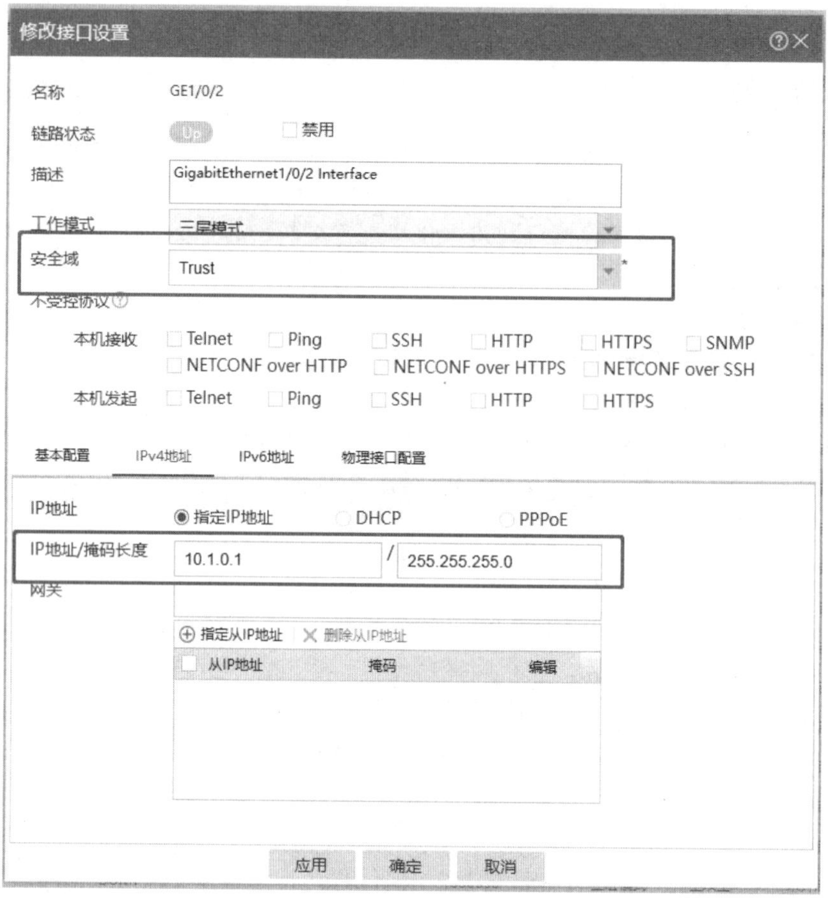

图 10.7

2）配置 L2TP

步骤 1：选择"网络→VPN→L2TP"，单击 L2TP 页签，进入如图 10.8 所示的 L2TP 配置页面。

步骤 2：单击"新建"按钮，参数配置如下：

- 输入 L2TP 组号：1。
- PPP 认证方式选择为：CHAP。
- 输入 PPP 服务器地址：192.168.0.1。
- 输入子网掩码：255.255.255.0。
- 输入用户地址池：192.168.0.10—192.168.0.20。

步骤 3：单击"确定"按钮完成操作。

步骤 4：选择"网络→安全域"，单击 Untrust"编辑"按钮，进入修改安全域页面，将 L2TP 虚接口 VT1 加入 Untrust 安全域，参数配置如图 10.9 所示。

步骤 5：单击"确定"按钮完成操作。

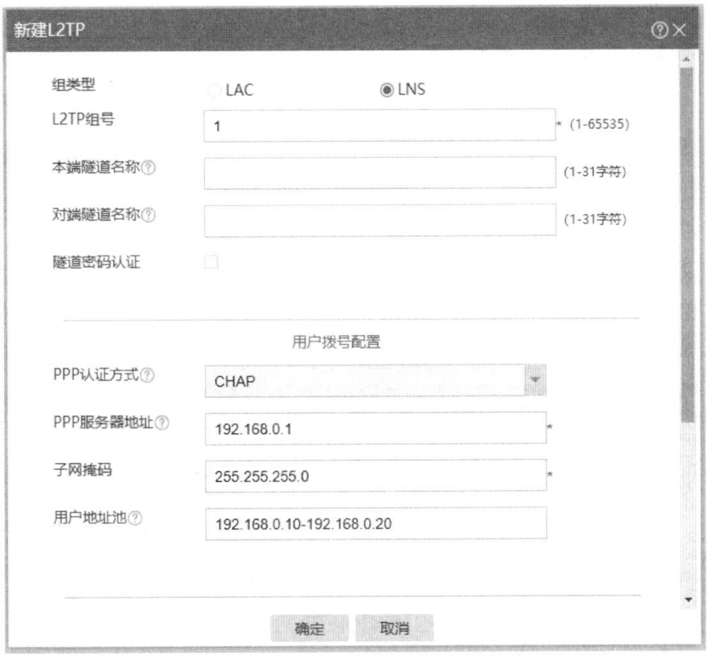

图 10.8

图 10.9

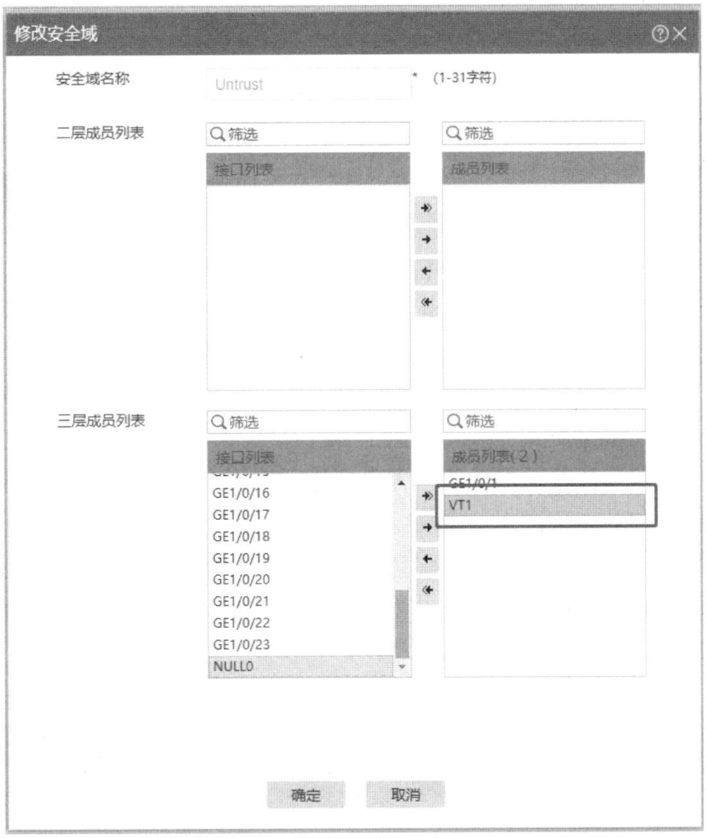

3)配置路由

步骤1:选择"网络→路由→静态路由→IPv4 静态路由",单击"新建"按钮,进入新建 IPv4 静态路由页面,如图 10.10 所示。

步骤2:新建 IPv4 静态路由,并进行如下配置:

- 目的 IP 地址:2.1.1.1。
- 掩码长度:24。
- 下一跳 IP 地址:1.1.2.3。
- 其他配置项使用缺省值。

步骤3:单击"确定"按钮,完成静态路由的配置。

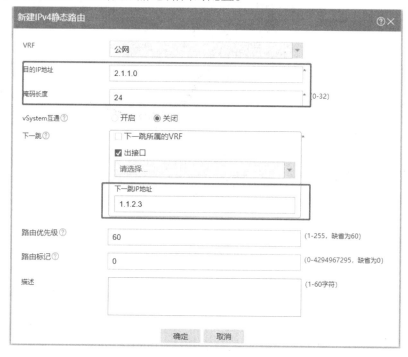

图 10.10

4)配置安全策略

步骤1:选择"策略→安全策略→安全策略",单击"新建"按钮,选择新建策略,进入新建安全策略页面,如图 10.11 所示。

步骤2:新建安全策略,并进行如下配置:

- 输入名称:untrust-local。
- 输入源安全域:Untrust。
- 输入目的安全域:Local。
- 输入类型:IPv4。
- 输入动作:允许。
- 输入服务:l2tp。
- 其他配置项使用缺省值。

步骤3:按照同样的步骤新建安全策略,配置如下:

- 输入名称:untrust-trust。
- 输入源安全域:Untrust。
- 输入目的安全域:Trust
- 输入类型:IPv4。
- 输入动作:允许。
- 输入源 IPv4 地址:192.168.0.10—192.168.0.20。
- 输入目的 IPv4 地址:10.1.0.200。
- 其他配置项使用缺省值。

步骤 4:单击"确定"按钮,完成配置,结果如图 10.11 所示。

名称	源安全域	目的安全域	类型	ID	描述	源地址	目的地址	服务	终端	用户	动作
untrust-local	Untrust	Local	IPv4	1		Any	Any	l2tp	Any	Any	允许
untrust-trust	Untrust	Trust	IPv4	2		192.168.0.1...	10.1.0.200	Any	Any	Any	允许

图 10.11

5)创建 L2TP 用户

选择"对象→用户→用户管理→本地用户",单击"新建"按钮,创建 L2TP 用户,用户名为 l2tpuser,密码为 hello,服务类型为 PPP,参数配置如图 10.12 所示。

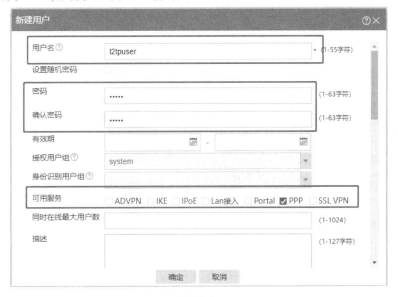

图 10.12

6)开启 L2TP 功能

步骤 1:选择"网络→VPN→L2TP",单击 L2TP 页签,进入 L2TP 配置页面。

步骤 2:如图 10.13 所示,选中"启用 L2TP"后的复选框。

2.配置用户侧

在用户侧主机上进行如下配置(设置的过程与相应的客户端软件有关,以下为设置的内容):

- 在用户侧设置 VPN 用户名为 l2tpuser,密码为 hello。
- 将 LNS 的 IP 地址设为安全网关的 Internet 接口地址(本例中 LNS 侧与隧道相连接的

启用L2TP
新建
删除
请输入要查询的信息
查询
高级查询
组号
组类型
本端隧道名
对端隧道名
编辑
1
LNS
第 1 页，共1页
每页显示条数 25
显示1-1条，共1条

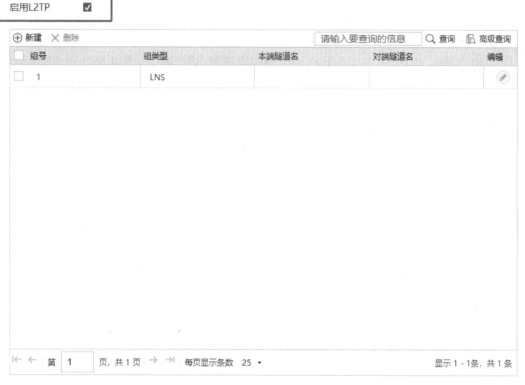

图 10.13

以太网接口的 IP 地址为 1.1.2.2)。

• 修改连接属性，将采用的协议设置为 L2TP，将加密属性设为自定义，并选择 CHAP 验证。

3. 验证配置

在用户侧主机上开启 L2TP 连接。连接成功后，用户主机获取到 IP 地址 192.168.0.2，并可以 Ping 通 LNS 的私网地址 192.168.0.1。

在 LNS 的导航栏中选择“VPN→L2TP→隧道信息”，可以查看建立的 L2TP 隧道的信息，如图 10.14 所示。

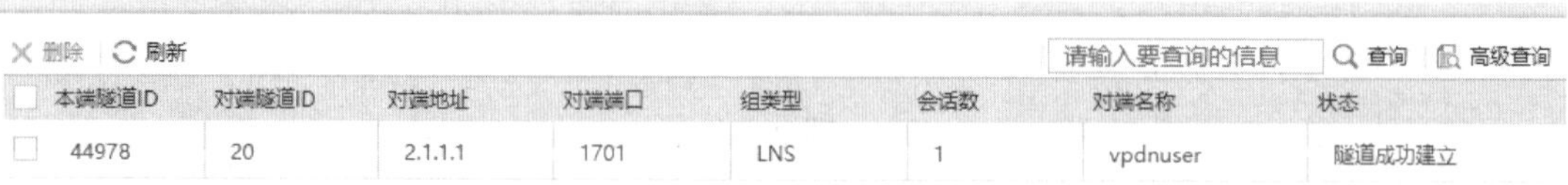

删除
刷新
请输入要查询的信息
查询
高级查询
本端隧道ID
对端隧道ID
对端地址
对端端口
组类型
会话数
对端名称
状态
44978
20
2.1.1.1
1701
LNS
1
vpdnuser
隧道成功建立

图 10.14

四、任务小结

本任务采用 L2TP 三种隧道模式中的 Client-Initiated 建立 VPN 连接。连接成功后，用户主机可以获取私网 IP 地址 192.168.0.2，并可以 Ping 通 LNS 的私网地址 192.168.0.1。

【思考拓展】

> L2TP VPN 可以实现个人用户远程访问吗?

【证赛精华】

> 本项目涉及 H3CNE-Security 认证考试(GB0-510)和全国职业院校技能大赛(信息安全管理与评估)的相关要求:
>
> (1)认证考试点:VPN 原理及配置——L2TP VPN。
>
> 内容包括 L2TP 概念和术语、L2TP 拓扑结构、L2TP 协议封装、L2TP 协议操作与多实例、在命令行下配置 L2TP、在 WEB 方式下配置 L2TP 等。
>
> (2)竞赛知识点与技能点:网络安全设备配置与防护——密码学和 VPN。
>
> 掌握配置 L2TP VPN 的技能。

✳ 项目评价

评价维度	评价标准/内容	分值/分	自评(20%)/分	互评(20%)(各成员计算平均分)				师评(60%)/分	得分/分
				成员1/分	成员2/分	成员3/分	平均分/分		
知识	a. 对 L2TP VPN 的工作原理的理解以及线上平台测验完成情况	15							
	b. 对 L2TP VPN 的配置方式的理解以及线上平台测验完成情况	15							
技能	a. 能够配置 L2TP 的用户侧	10							
	b. 能够配置 L2TP 的 LNS	20							
	c. 能够建立 L2TP 的连接	20							
自评素养	a. 已提高个人信息保护意识	2		/	/	/	/	/	
	b. 已增强法律意识	1		/	/	/	/	/	
	c. 已了解《中华人民共和国网络安全法》	1		/	/	/	/	/	

续表

评价维度	评价标准/内容	分值/分	自评(20%)/分	互评(20%)（各成员计算平均分）				师评(60%)/分	得分/分
				成员1/分	成员2/分	成员3/分	平均分/分		
互评素养	a.踊跃参与,表现积极	1	/					/	
	b.经常鼓励/督促小组其他成员积极参与协作	1	/					/	
	c.能够按时完成工作和学习任务	1	/					/	
	d.对小组贡献突出	1	/					/	
师评素养	a.已了解《中华人民共和国网络安全法》	6	/	/	/	/	/		
	b.具有良好的表达和团队合作能力	3	/	/	/	/	/		
	c.遵守操作规范	3	/	/	/	/	/		
综合得分									

问题分析和总结

学习体会

组　号		姓　名		教师签名	

项目11

配置IPSec VPN应用典型案例

网络安全典型案例——某公司涉嫌非法获取个人信息案

2021年5月,某地公安机关工作发现,辖区某公司片区负责人经公司同意后,以7 000元的价格非法购买公民个人信息14 000余条,后分发给公司工作人员,使用非法获取的公民个人信息开展招生工作,涉嫌非法获取个人信息。公安机关根据《中华人民共和国网络安全法》第四十四条、六十八条规定,对该公司作出罚款三十万元的行政处罚。

案例警示:企业在经营过程中应当坚守法律底线,不得非法获取、非法提供和非法使用公民个人信息。除法律另有规定或者权利人明确同意外,任何组织或者个人不得以电话、短信、即时通信工具、电子邮件、传单等方式侵扰他人的私人生活安宁。个人信息遭到泄露,相关权利人可以通过行政、民事、刑事手段保护自身合法权益。

学习目标

【知识目标】
(1)了解 IPSec 的基本特点;
(2)了解 IPSec 和 IKE 的关系;
(3)了解 IPSec 的使用场景。

IPSec VPN 1

【技能目标】
(1)能够配置对等体;
(2)能够配置安全联盟 SA;
(3)能够配置 IPSec VPN 的安全策略;
(4)能够验证 IPSec VPN 实现的加密通信。

IPSec VPN 2

【素质目标】
(1)了解《中华人民共和国个人信息保护法》;
(2)培养敬畏法律、恪守底线的法律意识;
(3)了解《中华人民共和国网络安全法》。

IPSec VPN 3

项目描述

企业分支通过 IPSec VPN 接入企业总部,有如下具体需求:在总部网关 Device A 和分支网关 Device B 之间建立一个安全隧道,对总部网络 192.100.0.0/24 与分支网络 192.200.0.0/24 之间的数据流进行安全保护。安全协议采用 ESP 协议,认证算法采用 SHA256,加密算法采用 3DES-CBC。IPSec 配置组网图如图 11.1 所示。

项目组网图

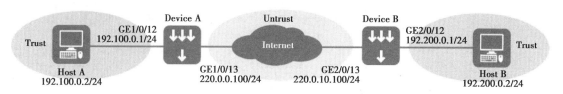

图 11.1

❋ 任务 1　配置 Device A

一、任务导入

IPSec VPN 比较适合"点对点接入",非常适合大型局域网的远程互联。如图 11.1 所示,配置时先从对等体的一端 Device A 开始,需要配置安全联盟 SA 以及安全策略。

本任务通过 H3C SecPath F1000 防火墙实现。

二、必备知识

1. IPSec

IPSec(IP Security)是 IETF 制订的三层隧道加密协议,它为 Internet 上传输的数据提供了高质量、可互操作、基于密码学的安全保证,是一种传统的实现三层 VPN(Virtual Private Network,虚拟专用网络)的安全技术。

IPSec 协议不是一个单独的协议,它给出了应用于 IP 层上网络数据安全的一整套体系结构,包括网络认证协议 AH(Authentication Header,认证头)、ESP(Encapsulating Security Payload,封装安全载荷)、IKE(Internet Key Exchange,互联网密钥交换)和用于网络认证及加密的一些算法等。其中,AH 协议和 ESP 协议用于提供安全服务,IKE 协议用于密钥交换。

2. IPSec 提供的安全服务

特定的通信方之间通过建立 IPSec 隧道来传输用户的私有数据,并在 IP 层提供了以下安全服务:

- 数据机密性(Confidentiality):IPSec 发送方在通过网络传输包前对包进行加密。
- 数据完整性(Data Integrity):IPSec 接收方对发送方发送来的包进行认证,以确保数据在传输过程中没有被篡改。
- 数据来源认证(Data Authentication):IPSec 在接收端可以认证发送 IPSec 报文的发送端是否合法。
- 防重放(Anti-Replay):IPSec 接收方可检测并拒绝接收过时或重复的报文。

3. IPSec 优点

(1)支持 IKE,可实现密钥的自动协商功能,减少了密钥协商的开销。可以通过 IKE 建立和维护 SA(Security Association,安全联盟)的服务,简化了 IPSec 的使用和管理。

（2）所有使用 IP 协议进行数据传输的应用系统和服务都可以使用 IPSec，而不必对这些应用系统和服务本身做任何修改。

（3）对数据的加密是以数据包为单位的，而不是以整个数据流为单位，这不仅灵活而且有助于进一步提高 IP 数据包的安全性，可以有效防范网络攻击。

4. IKE

在实施 IPSec 的过程中，可以使用 IKE 协议来建立 SA，该协议建立在由 ISAKMP（Internet Security Association and Key Management Protocol，互联网安全联盟和密钥管理协议）定义的框架上。IKE 为 IPSec 提供了自动协商交换密钥、建立 SA 的服务，能够简化 IPSec 的使用和管理，大大简化 IPSec 的配置和维护工作。

5. IKE 的安全机制

IKE 具有一套自保护机制，可以在不安全的网络上安全地认证身份、分发密钥、建立 IPSec SA。

1）数据认证

数据认证包括以下两方面：

• 身份认证：确认通信双方的身份。支持两种认证方法：预共享密钥（pre-shared-key）认证和基于 PKI 的数字签名（rsa-signature）认证。

• 身份保护：身份数据在密钥产生之后加密传送，实现对身份数据的保护。

2）DH

DH（Diffie-Hellman，交换及密钥分发）算法是一种公共密钥算法。通信双方在不传输密钥的情况下通过交换一些数据，计算出共享的密钥。即使第三方（如黑客）截获了双方用于计算密钥的所有交换数据，但由于其复杂度很高，也不足以计算出真正的密钥。所以，DH 交换技术可以保证双方能够安全地获得公有信息。

3）PFS

PFS（Perfect Forward Secrecy，完美前向保密）特性是一种安全特性，是指一个密钥被破解，并不影响其他密钥的安全性，因为这些密钥之间没有派生关系。IPSec 是通过在 IKE 阶段 2 协商中增加一次密钥交换来实现的。PFS 特性由 DH 算法保障。

6. IPSec 与 IKE 的关系

IKE 和 IPSec 的关系如图 11.2 所示：

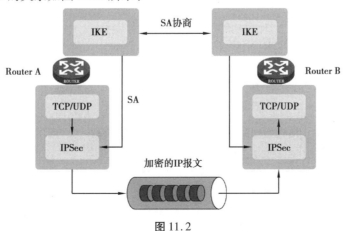

图 11.2

- IKE 是 UDP 之上的一个应用层协议,是 IPSec 的信令协议;
- IKE 为 IPSec 协商建立 SA,并把建立的参数及生成的密钥交给 IPSec;
- IPSec 使用 IKE 建立的 SA 对 IP 报文加密或认证处理。

7. IPSec 的工作模式

IPSec 有以下两种工作模式:

- 隧道(Tunnel)模式:用户的整个 IP 数据包被用来计算 AH 或 ESP 头,AH 或 ESP 头以及 ESP 加密的用户数据被封装在一个新的 IP 数据包中。通常,隧道模式应用于两个安全网关之间的通信。

- 传输(Transport)模式:只是传输层数据被用来计算 AH 或 ESP 头,AH 或 ESP 头以及 ESP 加密的用户数据被放置在原 IP 包头后面。通常,传输模式应用于两台主机之间的通信,或一台主机和一个安全网关之间的通信。目前,传输模式暂不支持报文的预分片。

8. SA

SA(Security Association,安全联盟)是构成 IPSec 的基础,也是 IPSec 的本质。SA 是通信对等体间对某些要素的约定,例如,使用哪种协议(AH、ESP 头或两者结合使用)、协议的封装模式(传输模式或隧道模式)、加密算法(DES、3DES 或 AES)、特定流中保护数据的共享密钥以及密钥的生存周期等。

SA 是单向的 in 和 out。

SA 可由手工(manual)和 IKE 自动协商(isakmp)两种方式创建。手工方式创建的 SA 除非手动删除,否则一直有效;IKE 自动协商方式创建的 SA 既可手动删除,也可以时间或流量为周期自动删除。

9. 对等体

IPSec 在两个端点之间提供安全通信,端点被称为 IPSec 对等体。

10. IKE 对等体的详细配置

IKE 对等体的详细配置如表 11.1 所示。

表 11.1　IKE 对等体的详细配置

配置项	说　明
对等实体	设置 IKE 对等体的名称
协商模式	设置 IKE 第一阶段的协商模式为 Main 或 Aggressive 💡提示: • 当安全隧道一端的 IP 地址为自动获取时,必须将协商模式配置为"Aggressive",这种情况下,只要建立安全联盟时使用的用户名和密码正确,就可以建立安全联盟; • IKE 对等体中配置的协商模式表示本端作为发起方时所使用的协商模式,响应方将自动适配发起方的协商模式

续表

配置项	说　明
本端 ID 类型	设置 IKE 第一阶段协商过程中使用的本端 ID 类型 💡提示: ● IP 地址:表示选择 IP 地址作为 IKE 协商过程中使用的 ID; ● FQDN:表示选择 FQDN(Fully Qualified Domain Name,完全合格域名)类型的名称作为 IKE 协商过程中使用的 ID,此时,为保证 IKE 协商成功,建议 IKE 本端名称配置为不携带@字符的字符串,例如 foo. bar. com。 ● User FQDN:表示选择 User FQDN 类型的名称作为 IKE 协商过程中使用的 ID,此时,为保证 IKE 协商成功,建议 IKE 本端名称配置为携带@字符的字符串,例如 test@ foo. bar. com;当协商模式为"Main"时,只能使用 IP 地址类型的身份进行 IKE 协商,建立安全联盟
本端 IP 地址	设置 IKE 协商时本端安全网关的 IP 地址。 缺省情况下,本端 IP 地址使用应用了安全策略的接口的主地址。只有当用户需要指定特殊的本端安全网关地址时才需要设置此配置项。 💡提示: 一般情况下本端 IP 地址不需要配置,只有当用户需要指定特殊的本端安全网关地址时(如指定 loopback 接口地址)才需要配置。而发起方的对端安全网关名称或对端安全网关 IP 地址需要配置,它们用于发起方在协商过程中寻找对端
对端网关地址	设置 IPSec 隧道对端安全网关的地址,可以是 IP 地址或主机名: ● IP 地址:对端网关的 IP 地址可以是一个 IP 地址,也可以是一个 IP 地址范围。若本端为 IKE 协商的发起端,则此配置项所配的 IP 地址必须唯一,且与响应端的"本端 IP 地址"保持一致;若本端为 IKE 协商的响应端,则此配置项所配的 IP 地址必须包含发起端的"本端 IP 地址"。 ● 主机名:对端网关的主机名是 IPSec 对端在网络中的唯一标识,可被 DNS 服务器解析为 IP 地址。采用主机名方式时,本端可以作为 IKE 协商的发起端
对端网关名称	设置 IKE 协商时,对端的安全网关名称: 当 IKE 协商的发起端配置本端 ID 类型为"FQDN"或"User FQDN"时,发起端会发送自己的 IKE 本端名称给对端来标识自己的身份,而对端使用对端网关名称来认证发起端,故此时对端网关名称应与发起端上的 IKE 本端名称保持一致
预共享密钥 PKI 域	选择 IKE 安全提议中设置的两种认证方法中的一个进行配置: ● 若认证方法设置为"Preshared Key",则这里选择"预共享密钥",即设置 IKE 协商采用预共享密钥认证时所使用的预共享密钥,输入的密钥和确认密钥必须一致。 ● 若认证方法设置为"RSA Signature",则这里选择"PKI 域",即设置 IKE 协商采用数字签名认证时,证书所属的 PKI 域。可选的 PKI 域在"对象→PKI→证书"中配置
启用 DPD 功能	设置为 IKE 对等体应用一个 IKE DPD

续表

配置项	说　明
启用 NAT 穿越	在 IPSec/IKE 组建的 VPN 隧道中,若存在 NAT 安全网关设备,则必须配置 IPSec/IKE 的 NAT 穿越功能,主模式下的 NAT 穿越不支持 pre-shared-key 方式,支持数字签名方式。 提示: 为了节省 IP 地址空间,ISP 经常会在公网中加入 NAT 网关,以便将私有 IP 地址分配给用户。此时可能会导致 IPSec/IKE 隧道的一端为公网地址,另一端为私网地址。所以,必须在私网侧启用 NAT 穿越,保证隧道能够正常协商建立

11. IPSec 安全提议的详细配置

IPSec 安全提议的详细配置如表 11.2 所示。

表 11.2　IPSec 安全提议的详细配置

配置项	说　明
安全提议名称	设置要新建的 IPSec 安全提议的名称
报文封装模式	设置安全协议对 IP 报文的封装模式: • Tunnel:表示采用隧道模式; • Transport:表示采用传输模式
安全协议	设置安全提议采用的安全协议: • AH:表示采用 AH 协议; • ESP:表示采用 ESP 协议; • AH-ESP:表示先用 ESP 协议对报文进行保护,再用 AH 协议进行保护
AH 认证法	当安全协议选择 AH 或 AH-ESP 时,设置 AH 协议采用的认证算法,可选的认证算法有 MD5 和 SHA1(表示 SHA-1 算法)
ESP 认证算法	当安全协议选择 ESP 或 AH-ESP 时,设置 ESP 协议采用的认证算法,可选的认证算法有 MD5 和 SHA1(表示 SHA-1 算法),选择空表示不进行 ESP 认证 提示: ESP 认证算法和 ESP 加密算法不能同时设置为空

12. 安全策略模板的详细配置

安全策略模板的详细配置如表 11.3 所示。

表 11.3　安全策略模板的详细配置

配置项	说　明
模板名称	设置要新建安全策略模板的名称
模板序号	设置安全策略模板的序号。在一个安全策略模板组中,序号越小的安全策略模板,优先级越高

续表

配置项		说　明
IKE 对等体		设置安全策略模板所引用的 IKE 对等体名称。可选的 IKE 对等体需先在"网络→VPN→IPSec→策略"中创建
IPSec 安全提议		设置安全策略模板所引用的 IPSec 安全提议名称,最多可以引用 6 个 IKE 协商。在安全隧道的两端搜索完全匹配的 IPSec 安全提议,如果找不到,则 SA 不能建立,需要被保护的报文将被丢弃
PFS		设置使用此安全策略发起协商时是否使用 PFS 特性,并指定采用的 Diffie-Hellman 组: • DH Group 1:表示采用 768-bit Diffie-Hellman 组 • DH Group 2:表示采用 1024-bit Diffie-Hellman 组 • DH Group 5:表示采用 1536-bit Diffie-Hellman 组 • DH Group 14:表示采用 2048-bit Diffie-Hellman 组 💡提示: • DH Group 14、DH Group 5、DH Group 2、DH Group 1 的安全性和需要的计算时间依次递减; • IPSec 在使用配置了 PFS 的安全策略发起一个协商时,在阶段 2 的协商中进行一次附加的密钥交换以提高通信的安全性; • 本端和对端指定的 Diffie-Hellman 组必须一致,否则协商会失败
ACL		设置安全策略模板所引用的 ACL。指定的 ACL 必须已经存在,且至少要包含一条规则可支持保护 VPN 实例间的数据流
SA 生存周期	基于时间	设置安全策略的 SA 生存周期,可以选择基于时间和基于流量。
	基于流量	💡提示: IKE 为 IPSec 协商建立安全联盟时,采用本地配置的生存周期和对端提议的生存周期中较小的一个
反向路由注入		设置开启或关闭反向路由注入功能,启用反向路由注入时可以配置下一跳和优先级。启用反向路由注入功能后,可以随 IPSec SA 的建立自动生成到达 IPSec VPN 私网或隧道网关的静态路由,减少手工静态路由的配置。 💡提示: • 本端设备启用反向路由注入后,可以不配置到对端的路由。此时,只能由对端发起 SA 协商。协商成功后,本端会生成到达对端私网的静态路由。 • 反向路由注入功能动态生成的静态路由随 IPSec SA 的创建而创建,随 IPSec SA 的删除而删除。 • 反向路由注入生成的静态路由可以在"网络→路由→路由表"中查看
下一跳		当开启反向路由注入,设置生成的静态路由的下一跳地址不指定此项时,用本端在 IPSec SA 协商过程中学习到的隧道的对端地址作为下一跳
优先级		当开启反向路由注入时,设置生成的静态路由的优先级通过指定反向路由注入生成的静态路由的优先级,可以更灵活地应用路由管理策略。例如:当设备上还有其他方式配置的到达相同目的地的路由时,如果为它们指定相同优先级,则可实现负载分担,如果指定不同优先级,则可实现路由备份

三、任务实施

1. 配置接口的 IP 地址

步骤 1：选择"网络→接口→接口"，进入接口配置页面，如图 11.3 所示。

图 11.3

步骤 2：单击接口 GE1/0/13 右侧的按钮，配置如下。

- 安全域：Untrust。
- 选择"IPv4 地址"页签，配置 IP 地址/掩码：220.0.0.100/24。
- 其他配置项使用缺省值。

步骤 3：单击"确定"按钮，完成接口 IP 地址和安全域的配置。

步骤 4：按照同样的步骤配置接口 GE1/0/12，配置如图 11.4 所示。

- 安全域：Trust。
- 选择"IPv4 地址"页签，配置 IP 地址/掩码：192.100.0.1/24。
- 其他配置项使用缺省值。

步骤 5：单击"确定"按钮，完成接口 IP 地址和安全域的配置。

2. 配置路由

步骤 1：选择"网络→路由→静态路由→IPv4 静态路由"，单击"新建"按钮，进入新建 IPv4 静态路由页面。

图 11.4

步骤 2:新建 IPv4 静态路由,如图 11.5 所示,进行如下配置:

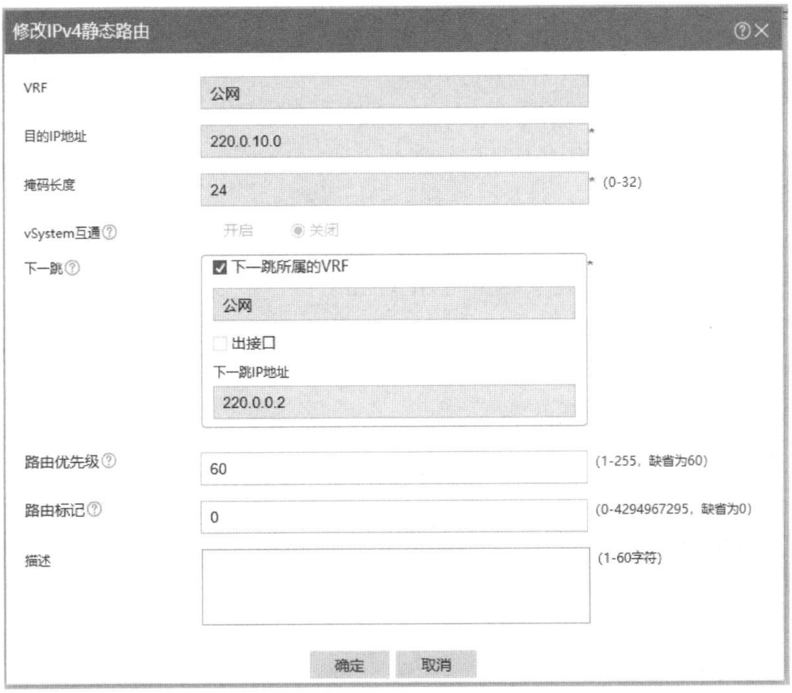

图 11.5

- 目的 IP 地址:220.0.10.100。

- 掩码长度:24。

- 下一跳 IP 地址:220.0.0.2。

- 其他配置项使用缺省值。

步骤 3:单击"确定"按钮,完成静态路由的配置。

3. 配置安全策略

步骤 1:选择"策略→安全策略→安全策略",单击"新建"按钮,选择新建策略,进入新建安全策略页面。

步骤 2:新建安全策略,并进行如下配置:

- 名称:trust-untrust。

- 源安全域:Trust。

- 目的安全域:Untrust。

- 类型:IPv4。

- 动作:允许。

- 源 IPv4 地址:192.100.0.0/24。

- 目的 IPv4 地址:192.200.0.0/24。

- 其他配置项使用缺省值。

步骤 3:单击"确定"按钮,完成安全策略的配置。

步骤 4:按照同样的步骤新建安全策略,配置如下:

- 名称:untrust-trust。

- 源安全域:Untrust。

- 目的安全域:Trust。

- 类型:IPv4。

- 动作:允许。

- 源 IPv4 地址:192.200.0.0/24。

- 目的 IPv4 地址:192.100.0.0/24。

- 其他配置项使用缺省值。

步骤 5:单击"确定"按钮,完成安全策略的配置。

步骤 6:按照同样的步骤新建安全策略,配置如下:

- 名称:local-untrust。

- 源安全域:Local。

- 目的安全域:Untrust。

- 类型:IPv4。

- 动作:允许。

- 源 IPv4 地址:220.0.0.100。

- 目的 IPv4 地址:220.0.10.100。

- 其他配置项使用缺省值。

步骤 7:单击"确定"按钮,完成安全策略的配置。

步骤 8:按照同样的步骤新建安全策略,配置如下:

- 名称：untrust-local。
- 源安全域：Untrust。
- 目的安全域：Local。
- 类型：IPv4。
- 动作：允许。
- 源 IPv4 地址：220.0.10.100。
- 目的 IPv4 地址：220.0.0.100。
- 其他配置项使用缺省值。

步骤 9：单击"确定"按钮，完成安全策略的配置。配置结果如图 11.6 所示。

允许配置的最大策略总数为：10000，且每种类型策略数不允许大于5000。

	名称	源安全域	目的安全域	类型	ID	描述	源地址	目的地址	服务	终端	用户	动作	内容安全
	●...	Trust	Untrust	IPv4	1		192.100.0.0/...	192.200.0.0/...	Any	Any	Any	允许	
	●...	Untrust	Trust	IPv4	2		192.200.0.0/...	192.100.0.0/...	Any	Any	Any	允许	
	●...	Local	Untrust	IPv4	3		220.0.0.100	220.0.10.100	Any	Any	Any	允许	
	●...	Untrust	Local	IPv4	4		220.0.10.100	220.0.0.100	Any	Any	Any	允许	

图 11.6

4. 新建 IKE 提议

步骤 1：选择"网络→VPN→IPSec→IKE 提议"，进入 IKE 提议页面。

步骤 2：单击"新建"按钮，进入新建 IKE 提议页面，如图 11.7 所示，进行如下操作：

图 11.7

- 设置优先级为 1。
- 选择认证方式为预共享密钥。
- 设置认证算法为 SHA256。
- 设置加密算法为 3DES-CBC。
- 其他配置均使用缺省值。

步骤 3：单击"确定"按钮，完成新建 IKE 提议配置。

5. 配置 IPSec 策略

步骤 1：选择"网络→VPN→IPSec→策略"，进入 IPSec 策略配置页面。

步骤 2：单击"新建"按钮，进入新建 IPSec 策略页面。如图 11.8 所示，在基本配置区域进行如下配置：

基本配置

策略名称	policy1	* (1-46字符)
优先级	1	* (1-65535)
设备角色	◉ 对等/分支节点　　○ 中心节点	
IP地址类型	◉ IPv4　　○ IPv6	
智能选路	☐ 开启	
接口	GE1/0/13　　▾	* [配置]
本端地址	220.0.0.100	
不进行Nat转换	☐ 开启	
对端IP地址/主机名	220.0.10.100	* (1-253字符)
描述		(1-80字符)

图 11.8

- 设置策略名称为 policy1。
- 设置优先级为 1。
- 选择设备角色为对等/分支节点。
- 选择 IP 地址类型为 IPv4。
- 选择接口 GE1/0/13。
- 设置本端地址为 220.0.0.100。
- 设置对端 IP 地址/主机名为 220.0.10.100。

步骤 3:如图 11.9 所示,在 IKE 策略区域进行如下配置:

IKE策略

协商模式	◉ 主模式　　○ 野蛮模式	
认证方式	◉ 预共享密钥　　○ 数字认证	
预共享密钥	•••	* (1-128字符)
IKE提议 ⑦	1 (预共享密钥;SHA256;3DES-CBC;DH group 1)　▾	
本端ID	IPv4 地址 ▾ 220.0.0.100	
对端ID	IPv4 地址 ▾ 220.0.10.100	*

图 11.9

- 选择协商模式为主模式。
- 选择认证方式为预共享密钥。
- 输入预共享密钥,并通过再次输入进行确认。

- 选择 IKE 提议为 1(预共享密钥;SHA256;3DES-CBC;DH group 1)。
- 设置本端 ID 为 IPv4 地址 220.0.0.100。
- 设置对端 ID 为 IPv4 地址 220.0.10.100。

步骤4:在保护的数据流区域,单击"新建"按钮,进入新建保护的数据流页面,进行如下操作:

- 设置源 IP 地址为 192.100.0.0/24。
- 设置目的 IP 地址为 192.200.0.0/24。
- 单击"确定"按钮,完成配置。

步骤5:在触发模式选择区域,选择 IPSec 协商的触发模式为流量触发,如图 11.10 所示。

保护的数据流

⊕ 新建	✕ 删除	↻ 刷新						
☐	源IP地址	目的IP地址	VRF	协议	源端口	目的端口	动作	编辑
☐	192.100.0.0/255....	192.200.0.0/255....	公网	any	any	any	保护	✎

共1条

● 需要配置受保护数据流目的地址的路由信息,如果没有请进行配置。
● 需要为本端访问对端业务的流量,配置放通动作的安全策略,如果没有请进行配置。
● 需要为对端访问本端业务的流量,配置放通动作的安全策略,如果没有请进行配置。

触发模式　　　　　◉ 流量触发⑦　　　○ 自动触发⑦

图 11.10

步骤6:如图 11.11 所示,在高级配置区域进行如下配置:

IPsec参数

封装模式	◉ 隧道模式　　　○ 传输模式
安全协议	◉ ESP　　　○ AH　　　○ AH-ESP
ESP认证算法	SHA1 ▾
ESP加密算法	AES-CBC-128 ▾
PFS	▾
IPsec SA生存时间⑦	
基于时间	秒 (180-604800)
基于流量	千字节 (2560-4294967295)
IPsec SA 空闲超时时间⑦	秒 (60-86400)
DPD检测⑦	☐ 开启
内网VRF	公网 ▾
QoS预分类⑦	☐ 开启

图 11.11

- 选择 IPSec 封装模式为隧道模式。
- 选择 IPSec 安全协议为 ESP。
- 其他配置均使用缺省值。

步骤 7：单击"确定"按钮，完成新建 IPSec 策略。

四、任务小结

本任务通过采用 ACL 引流，IKE 方式建立 SA，并在 VPN 的一端 Device A 配置 IPSec 安全策略。

✳ 任务 2　配置 Device B

一、任务导入

IPSecVPN 的连接都需要配置对等体，即两端网关，因此我们在配置完成 Device A 后，要继续配置 Device B。

本任务通过 H3C SecPath F1000 防火墙实现。

二、必备知识

1. 安全协议

AH 协议和 ESP 协议的功能及工作原理如下：

- AH 协议（IP 协议号为 51）定义了认证的应用方法，提供数据源认证、数据完整性校验和防报文重放功能，它能保护通信免受篡改，但不能防止窃听，适用于传输非机密数据。AH 的工作原理是在每一个数据包上添加一个身份验证报文头，此报文头插在标准 IP 包头后面，对数据提供完整性保护。可选择的认证算法有 MD5（Message Digest Algorithm 5）、SHA-1（Secure Hash Algorithm）等。

- ESP 协议（IP 协议号为 50）定义了加密和可选认证的应用方法，提供加密、数据源认证、数据完整性校验和防报文重放功能。ESP 的工作原理是在每一个数据包的标准 IP 包头后面添加一个 ESP 报文头，并在数据包后面追加一个 ESP 尾。与 AH 协议不同的是，ESP 将需要保护的用户数据进行加密后再封装到 IP 包中，以保证数据的机密性。常见的加密算法有 DES、3DES、AES 等。同时，作为可选项，用户可以选择 MD5、SHA-1 算法保证报文的完整性和真实性。

2. 认证算法

认证算法的实现主要通过杂凑函数。杂凑函数是一种能够接受任意长的消息输入，并产生固定长度输出的算法。该输出称为消息摘要。IPSec 对等体计算摘要，如果两个摘要是相同的，则表示报文是完整未经篡改的。IPSec 使用两种认证算法：

- MD5：MD5 通过输入任意长度的消息，产生 128 bit 的消息摘要。
- SHA-1：SHA-1 通过输入长度小于 2^{64} bit 的消息，产生 160 bit 的消息摘要。

MD5 算法的计算速度比 SHA-1 算法快，而 SHA-1 算法的安全强度比 MD5 算法高。

3. 加密算法

加密算法的实现主要通过对称密钥系统,它使用相同的密钥对数据进行加密和解密。目前的 IPSec 实现三种加密算法:

- DES(Data Encryption Standard):使用 56 bit 的密钥对一个 64 bit 的明文进行加密。
- 3DES(Triple DES):使用三个 56 bit 的 DES 密钥(共 168 bit 密钥)对明文进行加密。
- AES(Advanced Encryption Standard):使用 128 bit、192 bit 或 256 bit 密钥长度的 AES 算法对明文进行加密。

这三个加密算法的安全性由高到低依次是:AES、3DES、DES,安全性高的加密算法实现机制复杂,运算速度慢。对于普通的安全要求,DES 算法就可以满足需要。

三、任务实施

由于 Device B 的配置和 Device A 相同,因此这里只列出步骤,省略图形。

1. 配置接口的 IP 地址

步骤 1:选择"网络→接口→接口",进入接口配置页面。

步骤 2:单击接口 GE2/0/13 右侧的按钮,配置如下:

- 安全域:Untrust。
- 选择"IPv4 地址"页签,配置 IP 地址/掩码:220.0.10.100/24。
- 其他配置项使用缺省值。

步骤 3:单击"确定"按钮,完成接口 IP 地址和安全域的配置。

步骤 4:按照同样的步骤配置接口 GE2/0/12,配置如下:

- 安全域:Trust。
- 选择"IPv4 地址"页签,配置 IP 地址/掩码:192.200.0.1/24。
- 其他配置项使用缺省值。

步骤 5:单击"确定"按钮,完成接口 IP 地址和安全域的配置。

2. 配置路由

步骤 1:选择"网络→路由→静态路由→IPv4 静态路由",单击"新建"按钮,进入新建 IPv4 静态路由页面。

步骤 2:新建 IPv4 静态路由,并进行如下配置:

- 目的 IP 地址:220.0.0.100。
- 掩码长度:24。
- 下一跳 IP 地址:220.0.10.2。
- 其他配置项使用缺省值。

步骤 3:单击"确定"按钮,完成静态路由的配置。

步骤 4:按照同样的步骤新建 IPv4 静态路由,配置如下:

- 目的 IP 地址:192.100.0.2。
- 掩码长度:24。
- 下一跳 IP 地址:220.0.10.2。
- 其他配置项使用缺省值。

步骤 5:单击"确定"按钮,完成静态路由的配置。

3. 配置安全策略

步骤 1:选择"策略→安全策略→安全策略",单击"新建"按钮,选择新建策略,进入新建安全策略页面。

步骤2:新建安全策略,并进行如下配置:

- 名称:trust-untrust。
- 源安全域:Trust。
- 目的安全域:Untrust。
- 类型:IPv4。
- 动作:允许。
- 源 IPv4 地址:192.200.0.0/24。
- 目的 IPv4 地址:192.100.0.0/24。
- 其他配置项使用缺省值。

步骤3:单击"确定"按钮,完成安全策略的配置。

步骤4:按照同样的步骤新建安全策略,配置如下:

- 名称:untrust-trust。
- 源安全域:Untrust。
- 目的安全域:Trust。
- 类型:IPv4。
- 动作:允许。
- 源 IPv4 地址:192.100.0.0/24。
- 目的 IPv4 地址:192.200.0.0/24。
- 其他配置项使用缺省值。

步骤5:单击"确定"按钮,完成安全策略的配置。

步骤6:按照同样的步骤新建安全策略,配置如下:

- 名称:local-untrust。
- 源安全域:Local。
- 目的安全域:Untrust。
- 类型:IPv4。
- 动作:允许。
- 源 IPv4 地址:220.0.10.100。
- 目的 IPv4 地址:220.0.0.100。
- 其他配置项使用缺省值。

步骤7:单击"确定"按钮,完成安全策略的配置。

步骤8:按照同样的步骤新建安全策略,配置如下:

- 名称:untrust-local。
- 源安全域:Untrust。
- 目的安全域:Local。
- 类型:IPv4。
- 动作:允许。
- 源 IPv4 地址:220.0.0.100。
- 目的 IPv4 地址:220.0.10.100。
- 其他配置项使用缺省值。

步骤 9:单击"确定"按钮,完成安全策略的配置。

4. 新建 IKE 提议

步骤 1:选择"网络→VPN→IPSec→IKE 提议",进入 IKE 提议页面。

步骤 2:单击"新建"按钮,进入新建 IKE 提议页面,进行如下操作:

- 设置优先级为 1。
- 选择认证方式为预共享密钥。
- 设置认证算法为 SHA256。
- 设置加密算法为 3DES-CBC。
- 其他配置均使用缺省值。

步骤 3:单击"确定"按钮,完成新建 IKE 提议配置。

5. 配置 IPSec 策略

步骤 1:选择"网络→VPN→IPSec→策略",进入 IPSec 策略配置页面。

步骤 2:单击"新建"按钮,进入新建 IPSec 策略页面。在基本配置区域进行如下配置:

- 设置策略名称为 policy1。
- 设置优先级为 1。
- 选择设备角色为对等/分支节点。
- 选择 IP 地址类型为 IPv4。
- 选择接口 GE2/0/13。
- 设置本端地址为 220.0.10.100。
- 设置对端 IP 地址/主机名为 220.0.0.100。

步骤 3:在 IKE 策略区域进行如下配置:

- 选择协商模式为主模式。
- 选择认证方式为预共享密钥。
- 输入预共享密钥,并通过再次输入进行确认。
- 选择 IKE 提议为 1(预共享密钥;SHA256;3DES-CBC;DH group 1)。
- 设置本端 ID 为 IPv4 地址 220.0.10.100。
- 设置对端 ID 为 IPv4 地址 220.0.0.100。

步骤 4:在保护的数据流区域,单击"新建"按钮,进入新建保护的数据流页面,进行如下操作:

- 设置源 IP 地址为 192.100.0.0/24。
- 设置目的 IP 地址为 192.200.0.0/24。
- 单击"确定"按钮,完成配置。

步骤 5:在触发模式选择区域,选择 IPSec 协商的触发模式为流量触发。

步骤 6:在高级配置区域进行如下配置:

- 选择 IPSec 封装模式为隧道模式。
- 选择 IPSec 安全协议为 ESP。
- 其他配置均使用缺省值。

步骤 7:单击"确定"按钮,完成新建 IPSec 策略。

6. 验证配置

完成上述配置后,Device A 和 Device B 之间如果有分支子网 192.200.0.0/24 到总部子网 192.100.0.0/24 的报文通过,将触发 IKE 进行协商建立 SA。当 IKE 协商成功并创建了 SA 后,子网 192.100.0.0/24 与子网 192.200.0.0/24 之间的数据流将被加密传输。

在 IPSec 的报文统计中,可以看到如图 11.12 所示的统计结果。

隧道详细信息

| 隧道 | SA | 隧道统计 |

柱状图显示丢包统计	饼状图显示丢包统计	刷新
接收的受安全保护的数据包的数目	9	
发送的受安全保护的数据包的数目	9	
接收的受安全保护的字节数目	864	
发送的受安全保护的字节数目	864	
接收的受安全保护的数据包的速率	0	
发送的受安全保护的数据包的速率	0	
接收的受安全保护的字节速率	0	
发送的受安全保护的字节速率	0	
被设备丢弃了的接收的受安全保护的数据包的数目	0	
被设备丢弃了的发送的受安全保护的数据包的数目	0	
被丢弃的重放的数据包的数目	0	
因为找不到IPsec SA而被丢弃的数据包的数目	0	

图 11.12

四、任务小结

本任务完成了对等体中的 Device B 的配置,通过验证,在统计中发现受保护的数据包以及字节数,证明 Device A 和 Device B 之间已经建立了加密通信。

【思考拓展】

(1)IPSec VPN 的优点有哪些?

(2)IPSec VPN 为何常和其他 VPN 结合使用?

【证赛精华】

本项目涉及 H3CNE-Security 认证考试(GB0-510)和全国职业院校技能大赛(信息安全管理与评估)的相关要求:

(1)认证考试点:VPN 原理及配置——IPSec VPN。

内容包括 IPSec VPN 的概念和术语、IPSec VPN 的体系结构、AH 协议、ESP 协议、IKE 与 IPSec 的关系、IPSec VPN 穿越 NAT、在命令行下配置 IPSec VPN、在 WEB 方式下配置 IPSec VPN、IPSec 的故障排除。

(2)竞赛知识点与技能点:网络安全设备配置与防护——密码学和 VPN。

掌握配置 IPSec VPN 的技能。

❋ 项目评价

评价维度	评价标准/内容	分值/分	自评(20%)/分	互评(20%)(各成员计算平均分)				师评(60%)/分	得分/分
				成员1/分	成员2/分	成员3/分	平均分/分		
知识	a. 对 IPSec 的基本特点的理解以及线上平台测验完成情况	10							
	b. 对 IPSec 和 IKE 的关系的理解以及线上平台测验完成情况	10							
	c. 对 IPSec 的使用场景的理解以及线上平台测验完成情况	10							
技能	a. 能够配置对等体	10							
	b. 能够配置安全联盟 SA	20							
	c. 能够配置 IPSec VPN 的安全策略	20							
自评素养	a. 已了解《中华人民共和国个人信息保护⋯	2		/	/	/	/	/	
	⋯识	1		/	/	/	/	/	
	c. ⋯共和国网络安全法》	1		/	/	/	/	/	
互评素养	a. 跟⋯，表现积极	1	/						
	b. 经常鼓励/督促小组其他成员积极参与协作	1	/					/	
	c. 能够按时完成工作和学习任务	1	/					/	
	d. 对小组贡献突出	1	/					/	
师评素养	a. 积极主动参加教学活动	6	/	/	/	/	/		
	b. 已了解《中华人民共和国网络安全法》	3	/	/	/	/	/		
	c. 遵守操作规范	3	/	/	/	/	/		
综合得分									

续表

问题分析和总结	
学习体会	

组　号		姓　名		教师签名	

项目12

配置SSL VPN应用典型案例

网络安全典型案例——某公司不履行网络信息安全管理义务案

2021年6月,某地公安机关检查发现,辖区某公司APP聊天工具未对群聊内容、图片、语音进行严格审核,未及时删除违法有害信息,造成大量网络黑灰产信息在群聊里发布,该公司在实际工作中未履行网络信息安全管理义务。公安机关根据《中华人民共和国网络安全法》第四十七条和第六十四条规定,对该公司作出罚款10万元、对公司技术负责人作出罚款1万元的行政处罚。

案例警示:网络运营者对法律、行政法规禁止发布或者传输的信息未停止传输、采取消除等处置措施、保存有关记录,在开展业务过程中对相关内容审核措施落实不到位,造成大量违法有害信息在互联网上传播的严重后果,线下极易引起现实危害,最终将受到法律严惩。

学习目标

【知识目标】

(1)了解SSL VPN的工作原理;

(2)了解SSL VPN的配置方法。

【技能目标】

(1)能够对SSL用户端进行配置;

(2)能够对SSL VPN网关进行配置;

(3)能够采用RADIUS认证实现SSL VPN。

【素质目标】

(1)能通过网络弘扬正能量;

(2)培养敬畏法律、恪守底线的法律意识;

(3)了解《中华人民共和国网络安全法》。

SSL VPN IP 接入

SSL VPN Web 接入

项目描述

SSL VPN网关的地址为10.1.1.100/24,为SSL VPN网关和远程接入用户颁发证书的CA(Certificate Authority,证书颁发机构)地址为192.168.100.247/24,CA名称为CA server。

SSL VPN用户进行RADIUS认证,由一台RADIUS Server(IP地址为3.3.3.2/24)担当RADIUS认证服务器。SSL VPN网关设备通过RADIUS Server对用户进行远程认证和授权。为了增强安全性,需要验证客户端证书。服务器端证书不使用缺省证书,需要向CA申请(图12.1)。

项目组网图

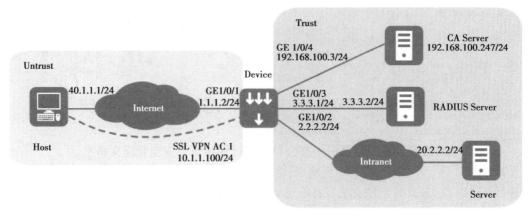

图 12.1

任务 1　配置 SSL VPN 服务

一、任务导入

在如图 12.1 所示的项目组网图中：

采用 Windows Server 作为 CA。在 CA 上需要安装 SCEP（Simple Certificate Enrollment Protocol，简单证书注册协议）插件。

· 进行本任务之前，需要确保 SSL VPN 网关、CA 和远程接入用户使用的主机 Host 之间的路由可达，并确保 CA 上启用了证书服务，可以为设备和主机颁发证书。

· 进行本任务之前，需要确保已完成 RADIUS 服务器的配置，保证用户的认证功能正常运行。本任务中，RADIUS 服务器上的共享密钥需配置为 expert；还需要配置用户账户信息及用户所属的用户组属性，将用户划分到用户组"user_gr2"中。

管理员可以配置多个资源和用户，将资源加入到不同的资源组中，将用户加入到不同的用户组，然后为每个用户组指定可以访问的资源组。用户登录后，SSL VPN 网关根据用户所在的用户组找到其可以访问的资源组，进而找到可以访问的资源列表，从而实现对资源访问权限的细粒度的控制。

本任务通过 H3C SecPath F1060 防火墙实现。

二、必备知识

1. SSL

SSL（Secure Sockets Layer，安全套接字层）是一个安全协议，为基于 TCP 的应用层协议提供安全连接，如 SSL 可以为 HTTP 协议提供安全连接。SSL 协议广泛应用于电子商务、网上银行等领域，为网络上数据的传输提供安全性保证。

2. SSL 安全机制

SSL 提供的安全连接可以实现：

● 连接的私密性：利用对称加密算法对传输数据进行加密，并利用密钥交换算法——RSA(Rivest,Shamir and Adleman)加密传输对称密钥算法中使用的密钥。

● 身份验证：基于证书利用数字签名方法对服务器和客户端进行身份验证。SSL 服务器和客户端通过 PKI(Public Key Infrastructure,公钥基础设施)提供的机制从 CA 获取证书。

● 连接的可靠性：消息传输过程中使用基于密钥的 MAC(Message Authentication Code,消息验证码)检验消息的完整性。MAC 是一种将密钥和任意长度的数据转换为固定长度数据的算法。利用 MAC 算法验证消息完整性的过程如图 12.1 所示。发送者在密钥的参与下，利用 MAC 算法计算出消息的 MAC 值，并将其加在消息之后发送给接收者。接收者利用同样的密钥和 MAC 算法计算出消息的 MAC 值，并与接收到的 MAC 值比较。如果二者相同，则报文没有改变；否则，报文在传输过程中被修改，接收者将丢弃该报文。

3. PKI

PKI(Public Key Infrastructure,公钥基础设施)是一个利用公共密钥理论和技术来实现并提供信息安全服务的具有通用性的安全基础设施。

公共密钥体制也称为非对称密钥体制，是目前应用最广泛的一种加密体制。在这一体制中，它使用一个非对称的密钥对，分别是一个公开的加密密钥（公钥）和一个保密的解密密钥（私钥），用公钥加密的信息只能用私钥解密，反之亦然。由于公钥是公开的，需在网上传送，故公钥的管理问题就是公共密钥体制所需解决的关键问题。

目前，PKI 系统中引出的数字证书机制就是一个很好的解决方案。基于公共密钥技术的数字证书是一个用户的身份与它所持有的公钥的结合，是使用 PKI 系统的用户建立安全通信的信任基础。基于数字证书的 PKI 系统，能够为网络通信和网络交易，特别是电子政务和电子商务业务，透明地提供一整套安全服务，主要包括身份认证、保密、数据完整性和不可否认性。

目前，很多公司的 PKI 可为安全协议 IPSec(IP Security,IP 安全)、SSL 提供证书管理机制。

4. PKI 体系

一个 PKI 体系由终端实体、证书机构 CA、注册机构 RA 和 PKI 存储库（证书/CRL 存储库）四类实体共同组成，如图 12.2 所示。

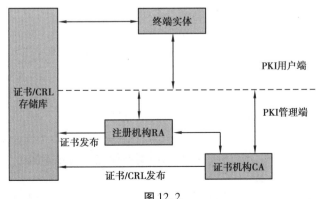

图 12.2

5. 数字证书

数字证书是一个经 CA 签名的、包含公开密钥及相关用户身份信息的文件，它建立了用户身份信息与用户公钥的关联。CA 对数字证书的签名保证了证书的合法性和权威性。数字证书的格式遵循 ITU-TX.509 国际标准,目前最常用的为 X.509 V3 标准。一个数字证书中包含多个字段,包括证书签发者的名称、主体的公钥信息、CA 对证书的数字签名、证书的有效期等。

一般设备有两类证书:本地(Local)证书和 CA 证书。本地证书是 CA 签发给用户的数字证书;CA 证书是 CA 自身的证书。若 PKI 系统中存在多个 CA,则会形成一个 CA 层次结构,最上层的 CA 是根 CA,它拥有一个 CA"自签名"的证书。

6. CRL(Certificate Revocation List,证书废除列表)

由于用户姓名的改变、私钥泄露或业务中止等原因,需要一种方法将现行的证书撤消,即撤消公开密钥及相关的用户身份信息的绑定关系。在 PKI 中,使用的是 CRL。任何一个证书被废除以后,CA 都要发布 CRL 来声明该证书是无效的,并列出所有被废除的证书的序列号。CRL 提供了一种检验证书有效性的方式。

当一个 CRL 的撤消信息过多时会导致 CRL 的发布规模变得非常庞大,且随着 CRL 的增大,网络资源的使用性能也会下降。为了避免这种情况,允许一个 CA 的撤消信息通过多个 CRL 发布出来,并且使用 CRL 发布点指出这些小 CRL 的位置。

7. CA 策略

CA 在受理证书请求、颁发证书、吊销证书和发布 CRL 时所采用的一套标准被称为 CA 策略。通常,CA 以一种称为证书惯例声明(Certification Practice Statement,CPS)的文档发布其策略,CA 策略可以通过带外(如电话、磁盘、电子邮件等)或其他方式获取。由于不同的 CA 使用不同的方法验证公开密钥与实体之间的绑定,所以在选择信任的 CA 进行证书申请之前,必须理解 CA 策略,从而指导其对实体进行相应的配置。

8. PKI 主要应用

PKI 技术的广泛应用能满足人们对网络交易安全保障的需求。作为一种基础设施,PKI 的应用范围非常广泛,并且在不断发展之中,下面给出几个应用实例。

1)虚拟专用网络(Virtual Private Network,VPN)

VPN 是一种构建在公用通信基础设施上的专用数据通信网络,利用网络层安全协议(如 IPSec)和建立在 PKI 上的加密与数字签名技术来获得机密性保护。

2)安全电子邮件

电子邮件的安全也要求机密、完整、认证和不可否认,而这些都可以利用 PKI 技术来实现。目前发展很快的安全电子邮件协议 S/MIME(Secure/Multipurpose Internet Mail Extensions,安全/多用途互联网邮件扩充协议),是一个允许发送加密和有签名邮件的协议。该协议的实现需要依赖 PKI 技术。

3)Web 安全

为了透明地解决 Web 的安全问题,在两个实体进行通信之前,先要建立 SSL 连接,以此实现对应用层透明的安全通信。SSL 协议允许在浏览器和服务器之间进行加密通信,并且利用 PKI 技术使用基于数字签名的方法对服务器和浏览器端进行身份验证。

9. Web 代理服务器资源

Web 服务器的服务一般是以网页的形式提供的,用户可以通过单击网页中的超链接,在不同的网页之间跳转,以浏览网页获取信息。在 Internet 上,这种服务器与用户的交互是通过明文方式传输的,任何人都可以通过截取 HTTP 数据的方式非法获取信息。SSL VPN 为用户访问 Web 服务器的过程提供了安全的访问链接,并且可以阻止非法用户访问受保护的 Web 服务器。Web 代理服务器资源的配置详见表 12.1。

表 12.1　Web 代理服务器资源的详细配置表

配置项	说　　明
资源名称	设置 Web 代理服务器资源的名称 资源名是管理员操作资源时的标识,必须保证每个资源名的唯一性 💡提示: 资源名称暂不支持中文和特殊字符"?""<"">""\""""""%""'""&""#"
站点地址	设置提供 Web 服务的站点地址,必须以"http://"开头,以"/"结尾,例如:http://www.domain.com/web1/站点地址可以设置为 IP 地址或域名,当设置为域名时,需要在"网络管理>DNS"中配置域名解析
缺省页面	设置用户登录 Web 站点后的首页面,例如:index.htm
站点匹配模式	设置用户通过该站点可以访问哪些网页站点匹配模式可以使用通配符" * "进行模糊匹配,多个匹配模式之间以"|"隔开 例如,要使用户能够访问站点中提供的到 www.domain1.com 的链接,以及到 www.domain2.com、www.domain2.org、www.domain2.edu 等的链接,可以将站点匹配模式设置为 www.domain1.com|www.domain2. *
启用页面保护	设置启用页面保护功能 启用页面保护功能时,用户登录 Web 站点后,不能对该站点的页面进行截屏、页面保存、页面打印的操作

10. IP 网络资源

SSL VPN 网络服务访问提供了 IP 层以上的所有应用支持,可以保证用户与服务器的通信安全。用户不需要关心应用的种类和配置,仅通过登录 SSL VPN 服务界面,即可自动下载并启动 ActiveX SSL VPN 客户端程序,从而完全地访问特定主机的管理员所授权的服务。全局参数的配置详见表 12.2。

表 12.2　全局参数的详细配置

配置项	说　　明
起始 IP	设置为客户端虚拟网卡分配 IP 地址的地址池
终止 IP	
子网掩码	设置为客户端虚拟网卡分配的子网掩码
网关地址	设置为客户端虚拟网卡分配的默认网关 IP 地址
超时时间	设置客户端连接的空闲超时时间。如果网关在超时时间内没有收到客户端发来的任何报文,则断开与该客户端的连接
WINS 服务器地址	设置为客户端虚拟网卡分配的 WINS 服务器 IP 地址
DNS 服务器地址	设置为客户端虚拟网卡分配的 DNS 服务器 IP 地址
允许客户端互通	设置是否允许不同的在线用户之间通过 IP 接入相互通信

续表

配置项	说　明
只允许访问 VPN	设置用户上线之后是否能够同时访问 Internet 如果设置为只允许访问 VPN,则用户上线之后不能同时访问 Internet
用户网络服务显示方式	设置用户上线后看到的网络服务的显示方式,包括: ● 显示描述信息:显示主机资源中允许访问的网络服务的描述信息 ● 显示 IP 地址:显示主机资源中允许访问的网络服务的目的地址、子网掩码和协议类型

三、任务实施

1. 配置接口 IP 地址和安全域

步骤 1:选择"网络→接口→接口",进入接口配置页面。

步骤 2:单击接口 GE1/0/1 右侧的"编辑"按钮,参数配置如图 12.3 所示。

● 安全域:Untrust。

● 选择"IPV4 地址"页签,配置 IP 地址/掩码:1.1.1.2/24。

● 其他配置项使用缺省值。

图 12.3

步骤 3:单击"确定"按钮完成操作,完成接口 IP 地址和安全域的配置。

步骤 4:单击接口 GE1/0/2 右侧的按钮,参数配置如图 12.4 所示:

- 安全域:Trust。
- 选择"IPV4 地址"页签,配置 IP 地址/掩码:2.2.2.2/24。
- 其他配置项使用缺省值。

图 12.4

步骤 5:单击"确定"按钮完成操作,完成接口 IP 地址和安全域的配置。

步骤 6:单击接口 GE1/0/3 右侧的按钮,参数配置如图 12.5 所示:

- 安全域:Trust。
- 选择"IPV4 地址"页签,配置 IP 地址/掩码:3.3.3.1/24。
- 其他配置项使用缺省值。

步骤 7:单击"确定"按钮完成操作,完成接口 IP 地址和安全域的配置。

步骤 8:单击接口 GE1/0/4 右侧的按钮,参数配置如图 12.6 所示。

- 安全域:Trust。
- 选择"IPV4 地址"页签,配置 IP 地址/掩码:192.168.100.3/24。
- 其他配置项使用缺省值。

步骤 9:单击"确定"按钮完成操作,完成接口 IP 地址和安全域的配置。

2. 配置路由

步骤 1:选择"网络→路由→静态路由→IPv4 静态路由",单击"新建"按钮,进入新建 IPv4 静态路由页面。

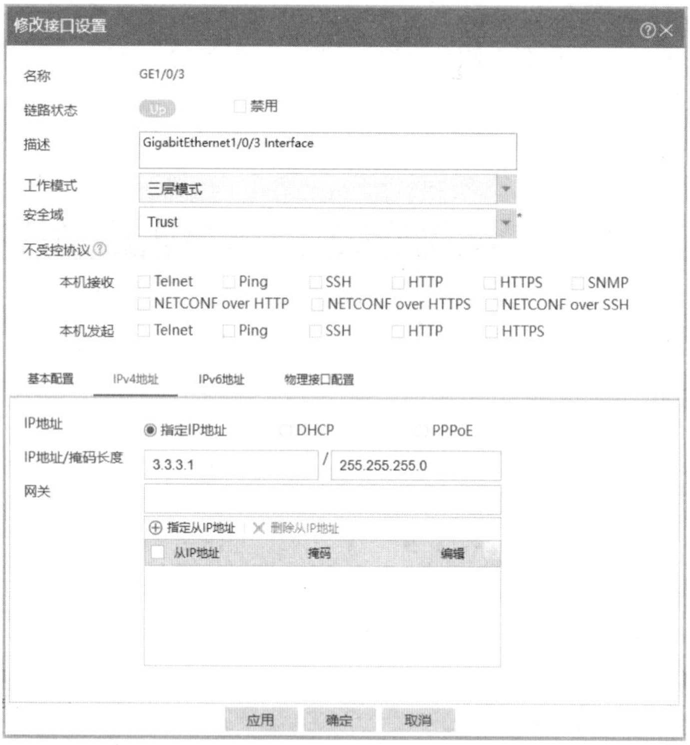
修改接口设置
名称
GE1/0/3
链路状态
Up
禁用
描述
GigabitEthernet1/0/3 Interface
工作模式
三层模式
安全域
Trust
不受控协议
本机接收
Telnet
Ping
SSH
HTTP
HTTPS
SNMP
NETCONF over HTTP
NETCONF over HTTPS
NETCONF over SSH
本机发起
Telnet
Ping
SSH
HTTP
HTTPS
基本配置
IPv4地址
IPv6地址
物理接口配置
IP地址
指定IP地址
DHCP
PPPoE
IP地址/掩码长度
3.3.3.1
255.255.255.0
网关
指定从IP地址
删除从IP地址
从IP地址
掩码
编辑
应用
确定
取消

图 12.5

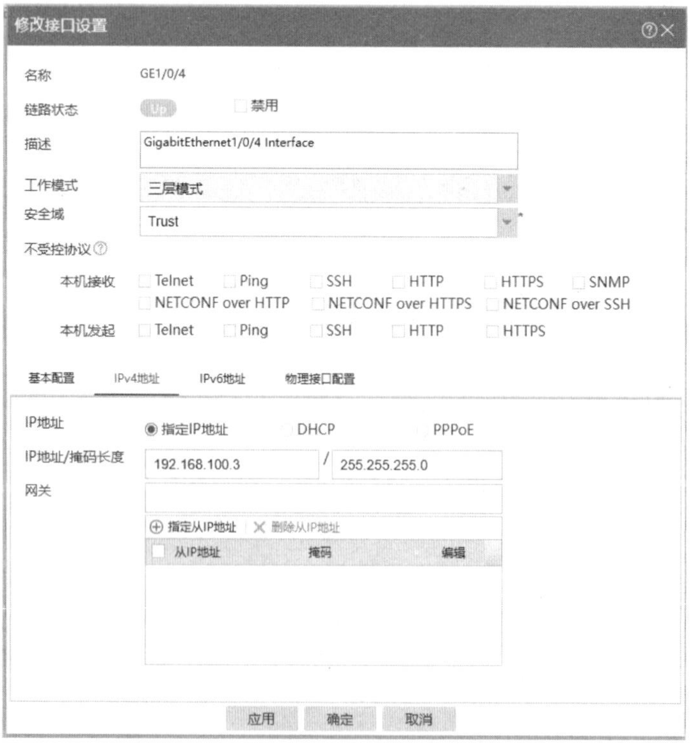
修改接口设置
名称
GE1/0/4
链路状态
Up
禁用
描述
GigabitEthernet1/0/4 Interface
工作模式
三层模式
安全域
Trust
不受控协议
本机接收
Telnet
Ping
SSH
HTTP
HTTPS
SNMP
NETCONF over HTTP
NETCONF over HTTPS
NETCONF over SSH
本机发起
Telnet
Ping
SSH
HTTP
HTTPS
基本配置
IPv4地址
IPv6地址
物理接口配置
IP地址
指定IP地址
DHCP
PPPoE
IP地址/掩码长度
192.168.100.3
255.255.255.0
网关
指定从IP地址
删除从IP地址
从IP地址
掩码
编辑
应用
确定
取消

图 12.6

步骤 2:新建 IPv4 静态路由,并进行如图 12.7 所示配置。

- 目的 IP 地址:40.1.1.1。
- 掩码长度:24。
- 下一跳 IP 地址:1.1.1.3。
- 其他配置项使用缺省值。

图 12.7

步骤 3:单击"确定"按钮,完成静态路由的配置。

步骤 4:按照同样的步骤新建 IPv4 静态路由,并进行如图 12.8 所示的配置。

图 12.8

- 目的 IP 地址:20.2.2.2。
- 掩码长度:24。
- 下一跳 IP 地址:2.2.2.3。
- 其他配置项使用缺省值。

步骤 5:单击"确定"按钮,完成静态路由的配置。

3. 配置安全策略

步骤 1:选择"策略→安全策略→安全策略",单击"新建"按钮,选择新建策略,进入新建安全策略页面。

步骤 2:新建安全策略,并进行如下配置:

- 名称:untrust-local。
- 源安全域:Untrust。
- 目的安全域:Local。
- 类型:IPv4。
- 动作:允许。
- IPv4 地址:40.1.1.1。
- 目的 IPv4 地址:1.1.1.2。
- 其他配置项使用缺省值。

步骤 3:单击按钮,完成安全策略的配置。

步骤 4:按照同样的步骤新建安全策略,配置如下。

- 名称:untrust-trust。
- 源安全域:Untrust。
- 目的安全域:Trust。
- 类型:IPv4。
- 动作:允许。
- IPv4 地址:10.1.1.0/24。
- 目的 IPv4 地址:20.2.2.0/24。
- 其他配置项使用缺省值。

步骤 5:单击按钮,完成安全策略的配置。配置结果如图 12.9 所示。

名称	源安全域	目的安全域	类型	源地址	目的地址	服务	内
untrust-local	Untrust	Local	IPv4	40.1.1.1	1.1.1.2	Any	
untrust-trust	Untrust	Trust	IPv4	10.1.1.0/24	20.2.2.0/24	Any	

图 12.9

4. 申请服务器端证书

步骤 1:选择"对象→PKI→证书主题",进入证书主题界面,单击"新建"按钮,参数配置如图 12.10 所示。

- 证书主题名称:sslvpncert。
- 通用名:1.1.1.2。

步骤 2:单击"确定"按钮。

步骤 3:选择"对象→PKI→证书",进入证书页面,单击"新建 PKI 域"按钮,如图 12.11 所

图 12.10

示,参数配置如下:

- 域名称:sslvpndomain。
- 证书主题:sslvpncert。
- 算法:RSA。
- 密钥对名称:sslvpnrsa。
- 密钥长度:2048。
- 其他配置项使用缺省值。

图 12.11

步骤 4:单击"确定"按钮。

步骤 5:单击"提交申请"按钮,申请服务器端证书,参数配置如图 12.12 所示。

步骤 6:单击"确定"按钮,页面会显示证书申请信息,如图 12.13 所示。

步骤 7:将证书申请信息复制,向 CA 申请服务器端证书(本例 CA 服务器为 Windows Server 2008 R2),单击"确定"按钮。

图 12.12

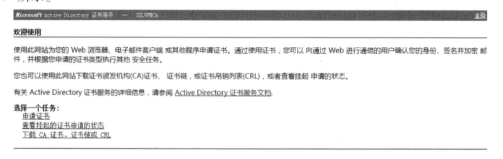

图 12.13

步骤 8：在浏览器地址栏输入 http：//192.168.100.247/certsrv，进入证书申请页面，如图 12.14 所示。

图 12.14

步骤 9：单击"查看挂起的证书申请的状态"按钮，跳转页面如图 12.15 所示。

步骤 10：单击"保存的证书申请"按钮，跳转页面如图 12.16 所示。

步骤 11：单击"下载证书"按钮，下载申请的服务器端证书，并保存好。

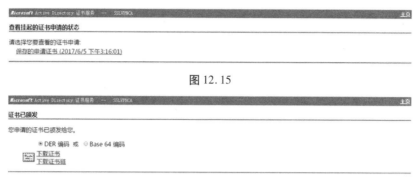

图 12.15

图 12.16

5. 下载 CA 证书

步骤 1:在浏览器地址栏输入 http://192.168.100.247/certsrv,进入证书申请页面,如图 12.17 所示。

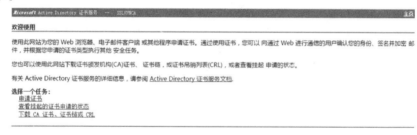

图 12.17

步骤 2:单击"下载 CA 证书、证书链或 CRL"按钮,跳转页面如图 12.18 所示。

图 12.18

6. 导入证书

步骤 1:选择"对象→PKI→证书",进入证书页面,单击"导入证书"按钮,选择之前保存好的 CA 证书,配置如图 12.19 所示。

步骤 2:单击"确定"按钮,完成 CA 证书的导入。

步骤 3:选择"对象→PKI→证书",进入证书页面,单击"导入证书"按钮,选择之前保存好的服务器端证书,配置如图 12.20 所示。

步骤 4:单击"确定"按钮,完成 CA 证书的导入。

7. 配置 SSL 的服务器端策略

步骤 1:选择"对象→SSL→服务器端策略",进入 SSL 服务器端策略页面,单击"新建"按钮,创建客户端策略,参数配置如图 12.21 所示。

图 12.19

图 12.20

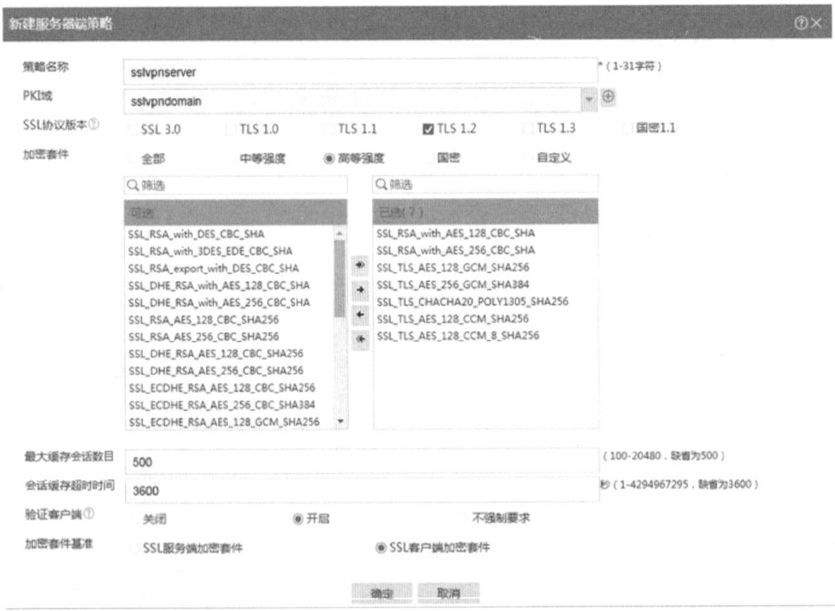

图 12.21

步骤 2:单击"确定"按钮,完成配置。

8. 配置 SSL VPN 网关

步骤 1:选择"网络→SSL VPN→网关",进入 SSL VPN 网关页面,单击"新建"按钮,创建 SSL VPN 网关,参数配置如图 12.22 所示。

图 12.22

步骤 2:单击"确定"按钮,完成配置。

9. 创建 SSL VPN AC 接口

步骤 1:选择"网络→SSL VPN→IP 接入接口",进入 SSL VPN 接入接口页面。单击"新建"按钮,创建 SSL VPN 接入接口,接口编号输入 1,单击"确定",然后继续配置接口参数,如图 12.23 所示。

图 12.23

步骤 2:单击"确定"按钮,完成配置。

10. 创建 SSL VPN 客户端地址池

步骤 1:选择"网络→SSL VPN→客户端地址池",进入 SSL VPN 客户端地址池页面。单击"新建"按钮,创建 SSL VPN 客户端地址池,参数配置如图 12.24 所示。

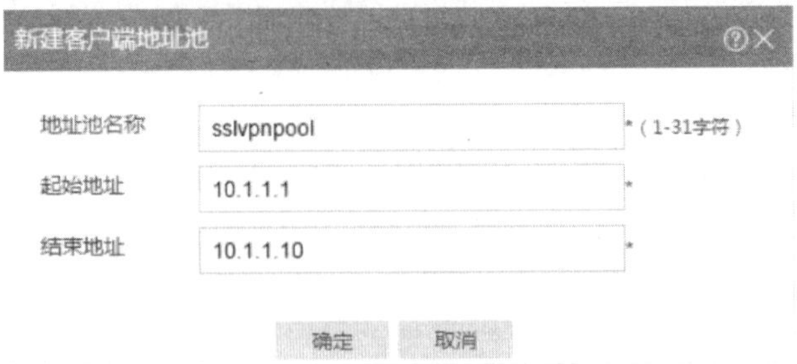

图 12.24

步骤 2:单击"确定"按钮,完成配置。

11. 配置 SSL VPN 访问实例

步骤 1:选择"网络→SSL VPN→访问实例",进入 SSL VPN 访问实例页面,单击"新建"按钮,创建 SSL VPN 访问实例,参数配置如图 12.25 所示,未显示的部分,采用默认配置即可。

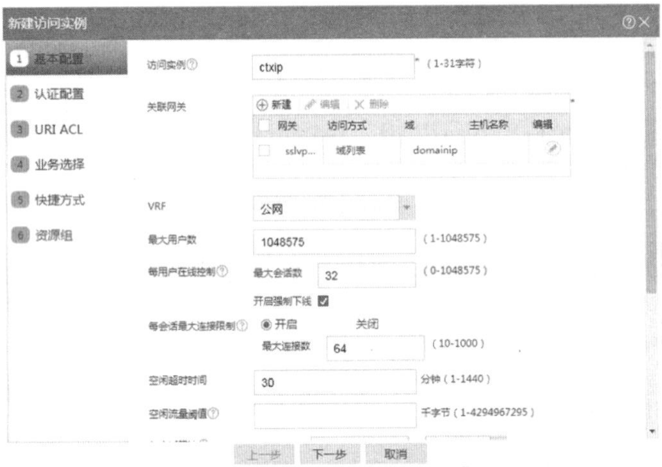

图 12.25

步骤 2:单击"下一步",配置认证配置,参数配置如图 12.26 所示。

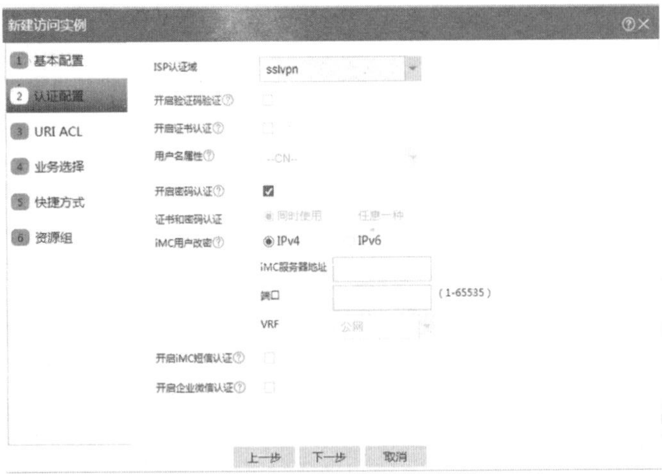

图 12.26

步骤 3:单击"下一步",不配置 URI ACL,继续单击"下一步",在跳转的页面选择"IP 业务",单击"下一步"。配置 IP 业务,参数配置如图 12.27、图 12.28 所示。

图 12.27

图 12.28

步骤 4:单击"下一步",不配置快捷方式,继续单击"下一步",在跳转的页面单击"新建"按钮,配置资源组,参数配置如图 12.29 所示(本例的 IPv4 ACL 3999 规则为允许通过所有流量)。

步骤 5:单击"确定"按钮,资源组如图 12.30 所示。

步骤 6:单击"完成"按钮,完成配置。

步骤 7:勾选"使能"按钮,使能配置的访问实例如图 12.31 所示。

四、任务小结

在 SSL VPN 中,为了普通用户能够以 HTTPS 方式登录 SSL VPN 网关的 Web 页面,通过 SSL VPN 网关管理和访问企业内部资源,需要为 SSL VPN 网关申请证书,并启用 SSL VPN 服务。

图 12.29

图 12.30

图 12.31

任务 2　配置 SSL VPN 用户组

一、任务导入

在 SSL VPN 中,需要配置用户及用户组。每个用户可以建立最多 20 个访问链接,包括访问 IP 网络资源、TCP 应用资源、Web 应用资源以及 SSL VPN 网关本身。但是每个用户仅支持建立最多 10 个访问 TCP 应用资源的连接。

本任务通过 H3C SecPath F1060 防火墙实现。

二、必备知识

1. 本地认证方式登录的配置方法

配置以本地认证方式登录的 SSL VPN 用户信息,有两种配置方法:

* 手工逐个进行配置:使用此方法可以同时为用户指定用户名、密码,以及证书绑定、公告账号、用户状态、MAC 地址绑定、所属用户组等高级参数。

* 先将用户信息编写成文本文件,然后进行批量导入:使用此方法导入的用户信息只包含用户名和密码参数(用户状态为"允许"),可以在完成批量导入后通过手工修改用户信息来为其指定高级参数。

本地用户的详细配置如表 12.3 所示,用户组的详细配置如表 12.4 所示。

表 12.3　本地用户的详细配置

配置项	说　明
用户名	设置本地用户的名称
用户描述	设置用户的描述信息
用户密码	设置用户密码,输入的密码确认必须与用户密码一致
密码确认	
证书序号	设置与用户名绑定的证书序号,用于用户的身份验证
启用公共账号	设置是否将该用户账号作为公共账号。当启用公共账号时,允许多个用户同时使用该账号登录 SSL VPN;否则,同一时刻只允许一个用户使用该账号登录 SSL VPN

表 12.4　用户组的详细配置

配置项	说　明
用户组名	设置用户的名称
资源组	设置与该用户组相关联的资源组,用户组中的用户就可以访问资源组中的资源
本地用户	设置用户组中的本地用户成员

2. 用户组

将本地用户加入不同的用户组,并指定用户组可以访问的资源组。在缺省情况下,存在名为"Guests"的用户组,该组未配置任何成员,且未与任何资源组关联。

三、任务实施

配置用户组

步骤 1:选择"对象用户→用户管理→本地用户→用户组",进入用户组页面,单击"新建"

按钮,参数配置如图 12.32 所示。

图 12.32

步骤 2:单击"确定"按钮完成操作。

四、任务小结

本任务针对用户组进行设置,通过对用户及资源的管理分配,可以实现对资源的精细化访问控制。

⚙ 任务3 配置 SSL VPN 安全策略

一、任务导入

安全策略定义了对用户主机进行安全检查的方法,明确了需要检查的项目。再通过为安全策略配置保护资源,保证了只有满足安全策略的用户主机才能访问相应的资源。要实现对用户主机的安全性检查,还必须在域策略中启用安全策略。

本任务通过 H3C SecPath F1060 防火墙实现。

二、必备知识

1. 域策略

域策略是针对 SSL VPN 域的一些通用参数或功能的设置,包括是否启用安全策略、是否启用校验码验证、是否启用单独客户端策略、是否启用 MAC 地址绑定、是否启用自动登录、用户超时时间、默认认证方式等。

2. SSL VPN 认证策略

SSL VPN 支持本地认证、RADIUS 认证、LDAP 认证和 AD 认证四种认证方式。每种认证方式支持三种认证模式(RADIUS 认证只支持密码认证和密码+证书认证两种):

- 密码认证:只认证用户密码。
- 密码+证书认证:同时认证用户密码和客户端证书。
- 证书认证:只认证客户端证书。

同时,SSL VPN 还支持组合认证。需要注意的是,组合认证中,第一次认证和第二次认证的方式必须一致,否则组合认证功能可能异常。

3. RADIUS

RADIUS(Remote Authentication Dial-In User Service,远程用户拨号认证服务)是一种分布式的、客户端/服务器结构的信息交互协议,能保护网络不受未授权访问的干扰,常应用在既要求较高安全性,又允许远程用户访问的各种网络环境中。SSL VPN 系统通过配置 RADIUS 认证,能够实现与企业原有 RADIUS 认证服务器的无缝集成,平滑实现对企业原 RADIUS 用户的认证,避免企业为用户重复创建账号的问题。RADIUS 认证的详细配置如表 12.5 所示。

表 12.5　RADIUS 认证的详细配置

配置项	说　明
启用 RADIUS 认证	设置是否启用 RADIUS 认证功能
认证模式	设置 RADIUS 认证的认证模式,包括密码认证、密码+证书认证
启动 RADIUS 计费	设置是否启用 RADIUS 计费功能
上传虚地址	设置 RADIUS 计费成功后,是否向 RADIUS 服务器上传客户端虚拟网卡的 IP 地址

4. VPN 安全策略

不安全用户主机的接入有可能对内部网络造成安全隐患。通过安全策略功能可以在用户登录 SSL VPN 时,对用户主机的操作系统、浏览器、杀毒软件、防火墙、文件和进程的部署情况进行检查,根据检查的结果来判断该用户主机能够访问哪些资源。安全策略的详细配置如表 12.6 所示。

表 12.6　安全策略的详细配置

配置项	说　明
名称	设置安全策略的名称
级别	设置安全策略的级别,数字越大,级别越高; 对用户主机进行安全检查时,如果同时定义了多条安全策略,则从级别最高的安全策略级别开始检查,如果没有通过则检查级别次高的安全策略,直到通过某一条安全策略为止。用户可以使用的是其所能通过的级别最高的安全策略所对应的资源,所以配置安全策略时,应为级别较高的安全策略配置较多资源
描述	设置安全策略的描述信息

三、任务实施

1. 配置 RADIUS 方案

步骤 1：选择"对象→用户→认证管理→RADIUS"，进入 RADIUS 页面，单击"新建"按钮，认证服务器参数配置如图 12.33 所示（认证密钥为 123456）。

图 12.33

步骤 2：高级设置参数配置如图 12.34 所示，未显示部分请采用默认配置。

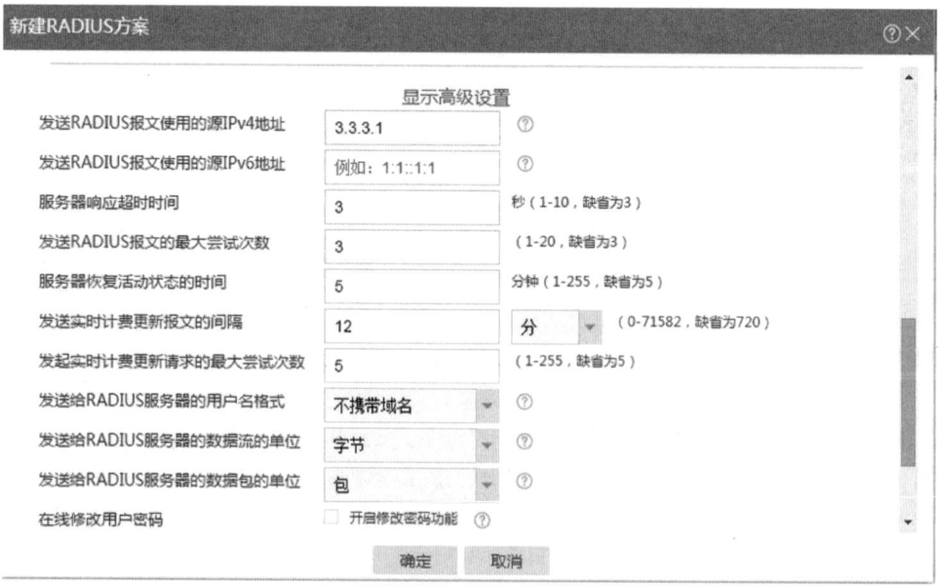

图 12.34

步骤 3：单击"确定"按钮，完成配置。

2. 配置 ISP 域

步骤 1：选择"对象→用户→认证管理→ISP 域",进入 ISP 域页面,单击"新建"按钮,创建 ISP 域 sslvpn,并指定 SSL VPN 用户使用的认证,授权方法为 RADIUS 方案 radius,不进行计费,参数配置如图 12.35、图 12.36 所示。

图 12.35

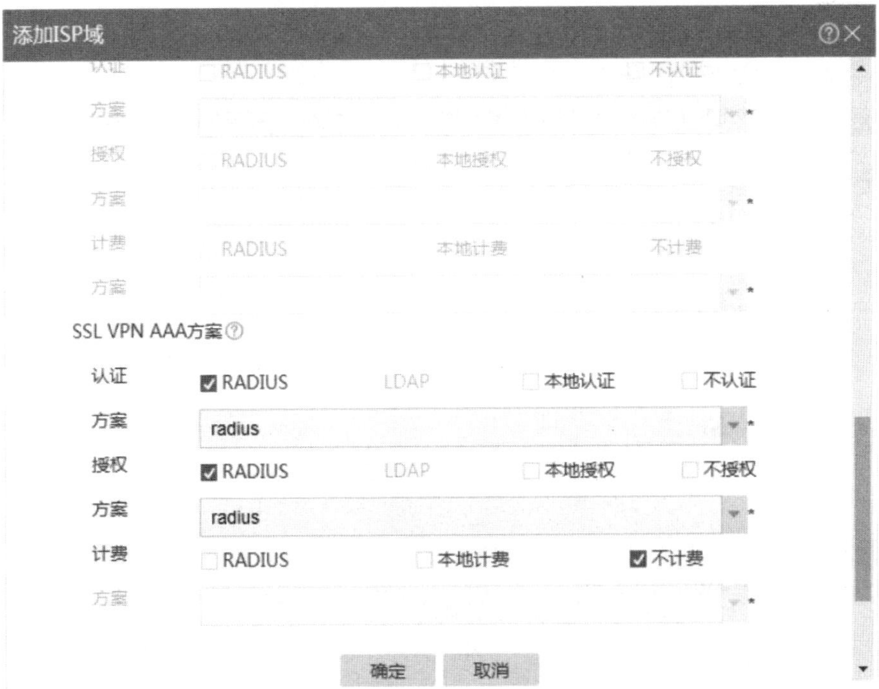

图 12.36

步骤2：单击"确定"按钮，完成配置。

3. 验证配置

1）Host 配置

配置 IP 地址、网关，保证到 SSL VPN 网关、CA 服务器的路由可达，申请客户端证书。

步骤1：完成上述配置后，SSL VPN 用户在其主机上启动浏览器，在浏览器的地址栏中输入 http://192.168.100.247/certsrv，进入证书申请页面，如图 12.37 所示。

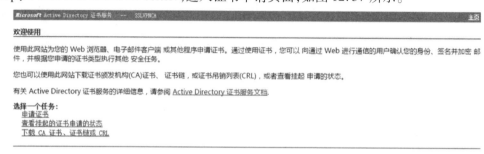

图 12.37

步骤2：单击"申请证书"按钮，跳转页面如图 12.38 所示。

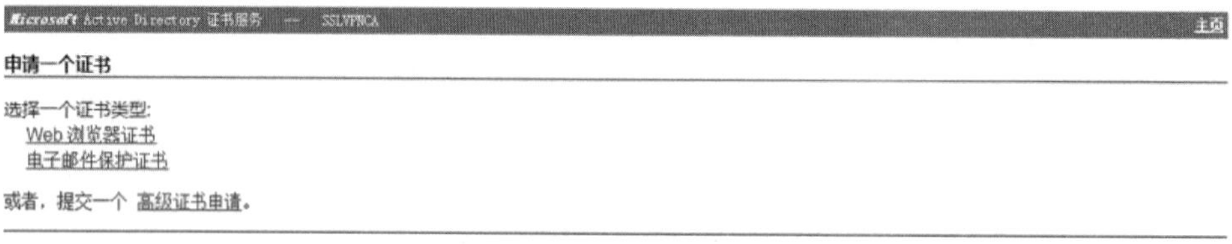

图 12.38

步骤3：单击"高级证书申请"按钮，在跳转的页面选择"创建并向此 CA 提交一个申请"，申请客户端证书，参数配置如图 12.39 所示。

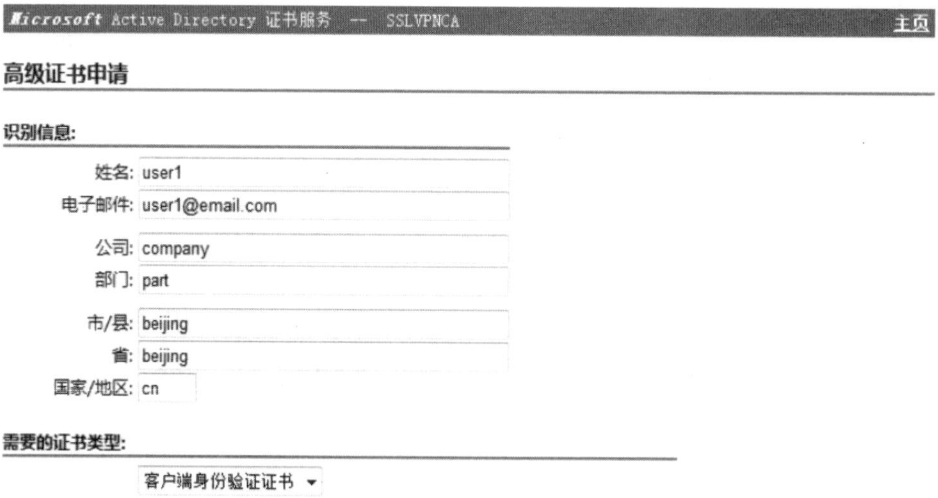

图 12.39

步骤4：其余选用默认配置，单击页面最下方的"提交"按钮，提交客户端证书申请。

步骤 5:待 CA 管理员同意颁发证书后,在浏览器栏输入 http://192.168.100.247/certsrv,进入证书申请页面,如图 12.40 所示。

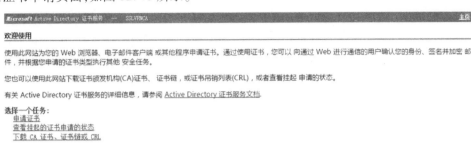

图 12.40

步骤 6:单击"查看挂起的证书申请的状态"按钮。

步骤 7:单击"客户端身份验证证书",跳转页面如图 12.41 所示。

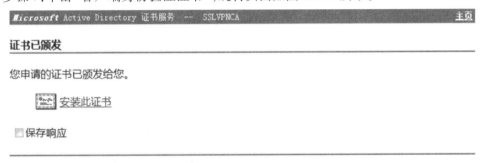

图 12.41

步骤 8:单击"安装此证书",如果之前没有安装 CA 证书,那么会出现如图 12.42 所示的页面(如果之前已安装过 CA 证书,则不会出现该提示)。

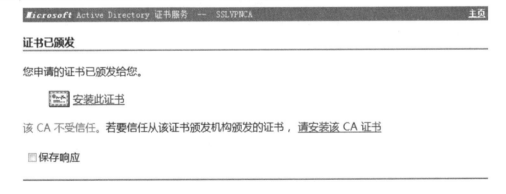

图 12.42

步骤 9:单击"请安装该 CA 证书",安装 CA 证书,CA 证书安装成功后,再单击"安装此证书",显示如图 12.43 所示的页面代表客户端证书安装成功。

2)访问验证

步骤 1:在浏览器地址栏输入 https://1.1.1.2,回车确认之后会弹出证书选择界面,如图 12.44 所示。

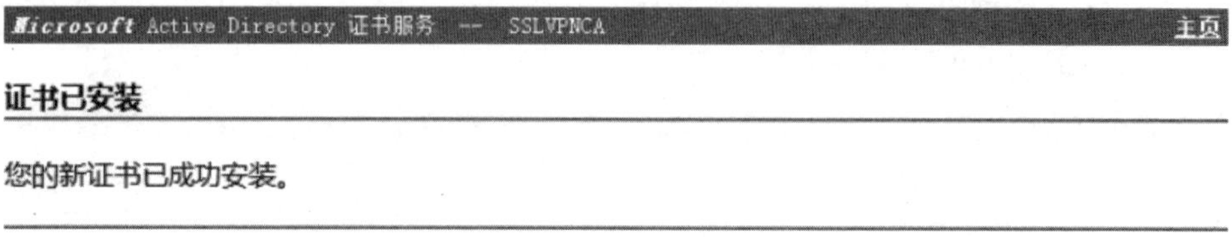

图 12.43

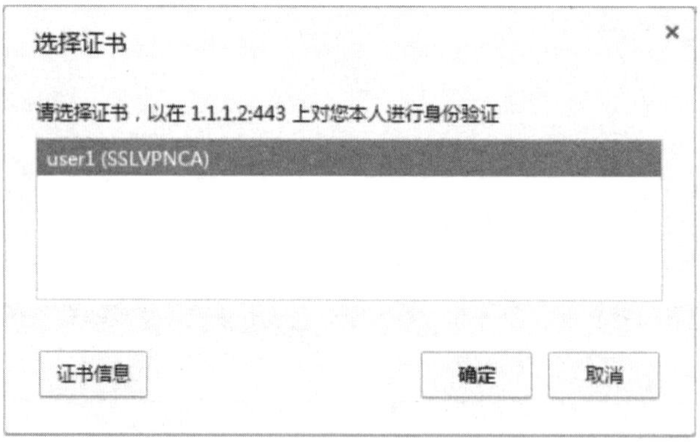

图 12.44

图 12.45

步骤 2：选择证书，单击"确定"按钮，跳转到域列表选择页面，如图 12.45 所示。

步骤 3：单击"domainip"，跳转到 SSL VPN 登录界面，输入 RADIUS server 上创建用户名密码，如图 12.46 所示。

图 12.46

步骤 4：单击"登录"按钮，可以成功登录。

步骤 5：单击"启动"按钮，启动 IP 客户端，系统会自动下载 iNode 客户端（如果 Host 之前没有安装过 iNode 客户端），下载完成后会自动启动 iNode 客户端，并登录 SSL VPN 网关（首次登录时,需要手动设置属性,选择认证方式和客户端证书),成功登录后如图 12.47 所示。

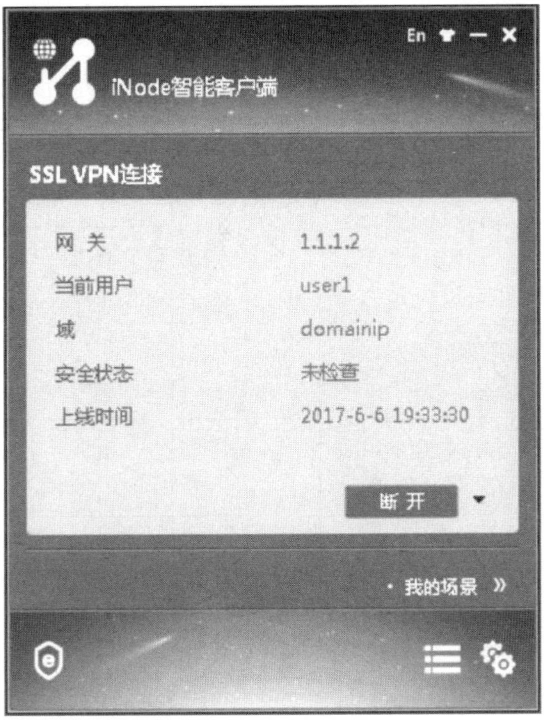

图 12.47

四、任务小结

本任务通过配置 RADIUS 认证方案,启用 RADIUS 认证,并结合任务 1、任务 2 的配置,形成 SSL VPN 安全策略,可以使远程用户精细化地访问内网资源。

【思考拓展】

(1) SSL VPN 最大的优势在哪里?

(2) 试配置一个 SSL VPN 实例。

【证赛精华】

本项目涉及 H3CNE-Security 认证考试(GB0-510)和全国职业院校技能大赛(信息安全管理与评估)的相关要求:

(1) 认证考试点:VPN 原理及配置——SSL VPN。

内容包括 SSL 协议的发展过程、SSL 的工作模型与体系结构、SSL 协议中的记录层、SSL 握手协议、SSL VPN 的功能与实现、SSL VPN 的配置等。

(2) 竞赛知识点与技能点:网络安全设备配置与防护——密码学和 VPN。

掌握配置 SSL VPN 的技能。

❋ 项目评价

评价维度	评价标准/内容	分值/分	自评(20%)/分	互评(20%)（各成员计算平均分）				师评(60%)/分	得分/分
				成员1/分	成员2/分	成员3/分	平均分/分		
知识	a. 对SSL VPN的工作原理的理解以及线上平台测验完成情况	15							
	b. 对SSL VPN的配置方法的理解以及线上平台测验完成情况	15							
技能	a. 能够配置SSL用户端	10							
	b. 能够配置SSL VPN网关	20							
	c. 能够采用RADIUS认证实现SSL VPN远程接入	20							
自评素养	a. 已提高网络文明素养	2		/	/	/	/	/	
	b. 已增强法律意识	1		/	/	/	/	/	
	c. 已了解《中华人民共和国网络安全法》	1		/	/	/	/	/	
互评素养	a. 踊跃参与,表现积极	1	/					/	
	b. 经常鼓励/督促小组其他成员积极参与协作	1	/					/	
	c. 能够按时完成工作和学习任务	1	/					/	
	d. 对小组贡献突出	1	/					/	
师评素养	a. 积极主动参加教学活动	6	/	/	/	/	/		
	b. 已了解《中华人民共和国网络安全法》	3	/	/	/	/	/		
	c. 遵守操作规范	3	/	/	/	/	/		
综合得分									

续表

问题分析和总结	
学习体会	

组　号		姓　名		教师签名	

模块 3

深壁固垒 —— 配置深度安全

项目 13

配置病毒防护功能

网络安全典型案例——某单位被网络攻击篡改案

2021 年 3 月，某单位互联网门户网站被攻击篡改，公安机关第一时间督促采取应急处置措施，并立案对该单位遭受攻击事件开展调查，通过调查发现，该单位信息系统未按规定设立防火墙，未安装网络流量监测软件，未记录网站访问日志，未采取防范计算机病毒和网络攻击、网络入侵等危害网络安全行为的技术措施，网站建设完成至今，未更新安全策略、未落实等级测评等安全防护措施。公安机关根据《中华人民共和国网络安全法》第二十一条、第五十九条的规定对负有主体责任的该单位作出罚款 1 万元，对直接责任人作出罚款 5 千元的行政处罚；对托管单位某公司作出罚款 1 万元、对直接责任人作出罚款 5 千元的行政处罚。

案例警示：关键信息基础设施运营者未履行法定网络安全保护义务，未按照国家网络安全等级保护制度要求，保障网络免受干扰、破坏或者未经授权的访问，防止网络数据泄露或者被窃取、篡改，导致危害网络安全等后果，将追究其法律责任。

学习目标

【知识目标】
(1) 掌握安全设备的特征库升级的方法；
(2) 掌握安全设备病毒防护原理。

【技能目标】
(1) 能够针对安全设备进行病毒库的更新升级；
(2) 能够利用安全设备的病毒特征库，进行病毒防护。

【素质目标】
(1) 了解《关键信息基础设施安全保护条例》；
(2) 培养学生敬畏法律、恪守底线的法律意识；
(3) 了解《中华人民共和国网络安全法》。

 升级特征库　　 勒索病毒

 恶意代码攻击　　 清除 ARP 病毒

 病毒防范清除（软件）

项目描述

如图 13.1 所示，Device 作为安全网关部署在内网边界。内网用户需要通过 Internet 中的 Web 服务器和邮件服务器传输文件和邮件，现需要使用防病毒功能，对用户上传和下载的文件及邮件进行防病毒检测和防御，保护内网用户的安全。

项目组网图

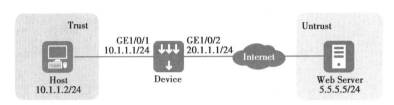

图 13.1

任务1　配置病毒防护功能

一、任务导入

如图 13.1 所示,内网网段为 192.168.1.0/24。在 UTM 上配置防病毒策略,阻止公司内部的用户通过 FTP 向外网上传病毒,或者通过邮件附件向外发送病毒。

二、必备知识

1. 特征库

特征库记录了设备可识别的攻击特征,对于安全设备来说,必须保证特征库能够及时地更新升级,以保证它总是最新版本。

1)特征库的分类

特征库包括 IPS 库和病毒库。

2)特征库升级方法

特征库升级有自动在线升级、手动在线升级和本地升级三种方式。

● 自动在线升级:设备根据指定的周期时间,直接从特定的特征库版本服务器获取当前最新版本的特征库文件进行升级。

● 手动在线升级:在需要的时候,由用户手动触发设备从特定的特征库版本服务器获取当前最新版本的特征库文件进行升级。

● 本地升级:用户将通过离线方式获取到的特征库文件保存到本地主机,然后将该文件从本地主机上导入到设备进行升级。本地升级一般是在用户的局域网内进行的,并且本地升级可以获取与设备兼容的任意一个版本的特征库。

2. License

设备的部分特性需要注册后才能使用。注册所需的序列号分为试用版本的 License 和正式版本的 License。试用版本的 License 规定了有效期,超过有效期仍未注册的,该特性将不可用;正式版本的 License 可以通过购买特性软件授权书获得,授权书上提供了注册特性需要使用的序列号及特性功能说明。

3. License 和特征库的关系

License 可以控制深度安全防御中的特征库的状态,即可以控制是否允许特征库进行升级。当特征库的 License 有效期过期时,用户不能再对该特征库进行升级,需要充值获得新的 License,才能升级该特征库。

4. 防病毒功能

防病毒功能是一种通过对报文应用层信息进行检测来识别和处理病毒文件的安全机制。将具有防病毒功能的设备部署在企业网边界,可阻止病毒入侵和传播,有效保护企业的数据安全。通过应用层检测引擎进行文件识别和本地病毒检测,同时结合云检测功能,实现病毒的全面检测,并根据管理员配置的一系列防护策略对病毒报文进行精准处理。

三、任务实施

1. 配置接口 IP 地址和安全域

(1)选择"网络→接口→接口",进入接口配置页面。

如图 13.2 所示,单击接口 GE1/0/1 右侧的"编辑"按钮,配置如下。

- 安全域:Trust。
- 选择"IPv4 地址"页签,配置 IP 地址/掩码长度:10.1.1.1/24。
- 其他配置项使用缺省值。

(2)单击"确定"按钮,完成接口 IP 地址和安全域的配置。

图 13.2

按照同样的步骤配置接口 GE1/0/2,如图 13.3 所示,配置如下。

- 安全域:Untrust。
- IP 地址/掩码:20.1.1.1/24。
- 其他配置项使用缺省值。

图 13.3

2. 配置路由

(1)选择"网络→路由→静态路由→IPv4 静态路由",单击"新建"按钮,进入新建 IPv4 静态路由页面。

如图 13.4 所示,新建 IPv4 静态路由,并进行如下配置:

- 目的 IP 地址:5.5.5.0。
- 掩码长度:24。
- 下一跳 IP 地址:20.1.1.2。
- 其他配置项使用缺省值。

(2)单击"确定"按钮,完成静态路由的配置。

3. 升级防病毒特征库到最新版本

在导航栏中选择"系统→升级中心→特征库升级",进入如图 13.5 所示的页面。

图 13.4

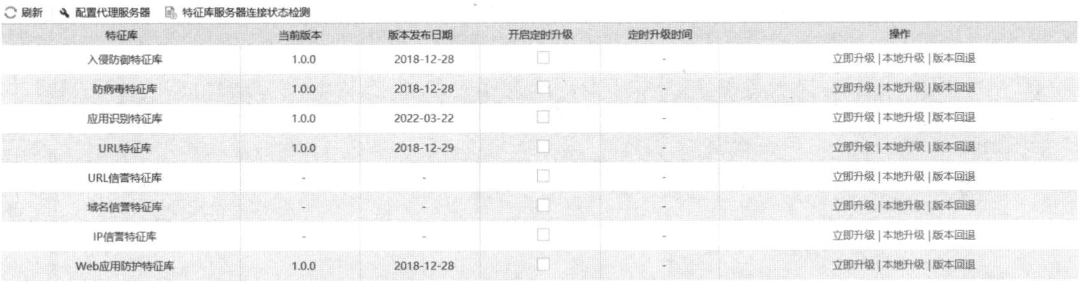

图 13.5

可以在官网下载最新病毒库文件,然后采用本地方式进行更新升级。

4.配置防病毒配置文件

(1)选择"对象→应用安全→防病毒→配置文件",单击"新建"按钮,进入新建防病毒配置文件页面,新建名为 antivirus 的防病毒配置文件。

如图 13.6 所示,在协议区域中,配置如下:

- 文件传输协议中,取消选中 FTP 上传和下载前的勾选框。
- 邮件协议中,配置 SMTP 和 POP3 协议动作为阻断。
- 其他的配置项保持默认情况即可。

(2)单击"确定"按钮,完成配置。

5.配置安全策略

(1)选择"策略→安全策略→安全策略",单击"新建"按钮,选择新建策略,进入新建安全策略页面。新建安全策略,并进行如图 13.7 和图 13.8 所示的配置。

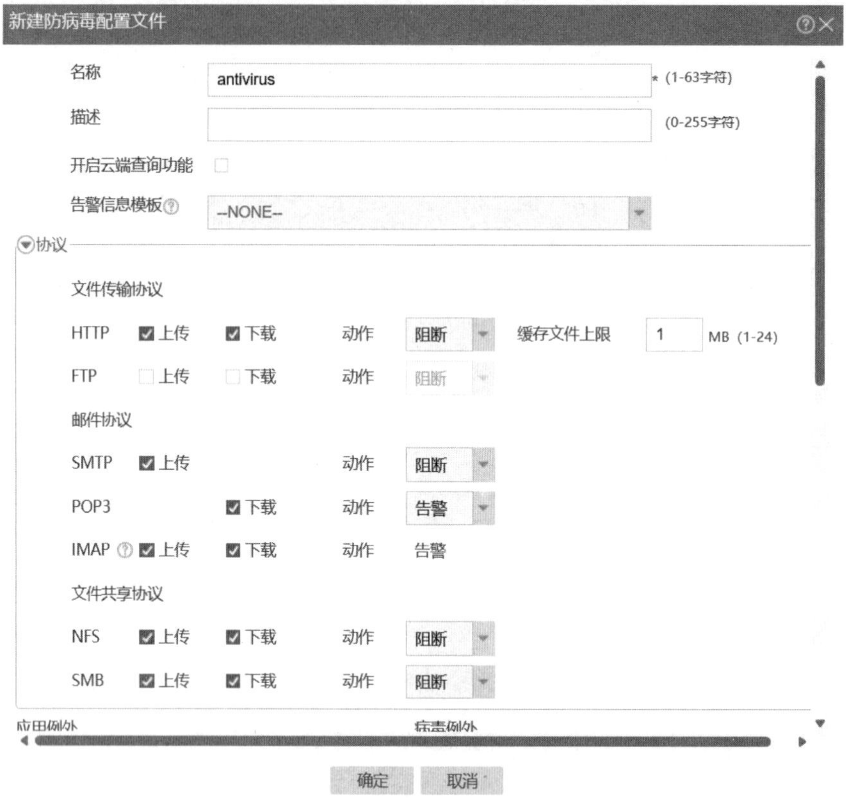

图 13.6

图 13.7

图 13.8

- 名称：trust-untrust。
- 源安全域：trust。
- 目的安全域：untrust。
- 类型：IPv4。
- 动作：允许。
- 源 IP 地址：10.1.1.0/24。
- 内容安全中引用防病毒配置文件：antivirus。
- 其他配置项使用缺省值。

单击"确定"按钮，完成安全策略的配置。

（2）按照同样的步骤，配置安全策略 untrust-trust，并进行如图 13.9 和图 13.10 所示配置：

- 名称：untrust-trust。
- 源安全域：untrust。
- 目的安全域：trust。
- 类型：IPv4。
- 动作：允许。
- 目的 IP 地址：10.1.1.0/24。
- 内容安全中引用防病毒配置文件：antivirus。
- 其他配置项使用缺省值。

单击"确定"按钮，完成安全策略的配置。

图 13.9

图 13.10

6. 激活配置

如图 13.11 所示,防病毒配置文件在被安全策略引用后,需要在安全策略页面单击"提交"按钮,使防病毒配置文件生效。完成安全策略配置后,需要在安全策略页面单击"立即加速"按钮,激活安全策略加速。

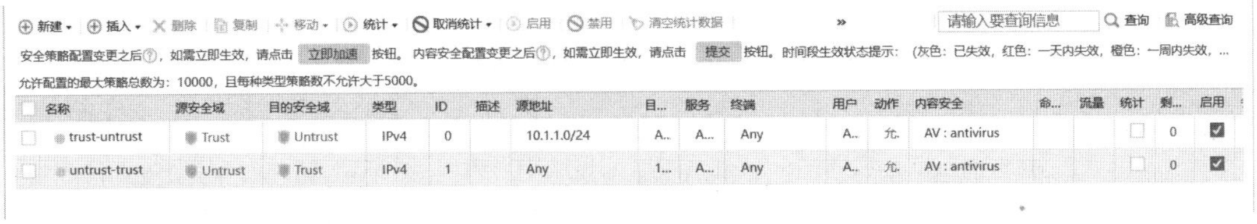

图 13.11

7. 开启日志采集功能

如图 13.12 所示,选择"系统→日志设置→基本设置",选择存储空间设置页签,勾选威胁业务右侧的复选框,开启威胁日志采集功能。

图 13.12

8. 验证结果

以上配置完成后,可以保护内网用户免受病毒威胁。

管理员可在"监控→安全日志→威胁日志"中,查看威胁类型为"防病毒"的威胁日志信息,以验证结果。

四、任务小结

本任务通过在 H3C SecPath F1000 防火墙上配置防病毒策略,对用户上传和下载的文件及邮件进行防病毒检测和防御,保护内网用户(10.1.1.0/24)的安全。

【思考拓展】

（1）如何下载更新设备病毒库？
（2）如何进行防病毒配置？

【证赛精华】

本项目涉及 H3CNE-Security 认证考试（GB0-510）和全国职业院校技能大赛（信息安全管理与评估）的相关要求：

（1）认证考试点：DPI 技术。

内容包括安全威胁、防病毒技术、病毒特征与动作、防病毒配置等。

（2）竞赛知识点与技能点：网络安全事件响应、数字取证调查和应用程序安全——应用程序安全。

掌握恶意代码分析及病毒防护技术。

✲ 项目评价

评价维度	评价标准/内容	分值/分	自评(20%)/分	互评(20%)（各成员计算平均分）				师评(60%)/分	得分/分
				成员1/分	成员2/分	成员3/分	平均分/分		
知识	a.对安全设备特征库升级的方法的理解以及线上平台测验完成情况	15							
	b.对安全设备病毒防护原理的理解以及线上平台测验完成情况	15							
技能	a.能够针对安全设备进行特征库的更新升级	25							
	b.能够利用安全设备的特征库，进行深度安全防御	25							
自评素养	a.已了解《关键信息基础设施安全保护条例》	2		/	/	/	/	/	
	b.已增强法律意识	1		/	/	/	/	/	
	c.已了解《中华人民共和国网络安全法》	1		/	/	/	/	/	

续表

评价维度	评价标准/内容	分值/分	自评(20%)/分	互评(20%)(各成员计算平均分)				师评(60%)/分	得分/分
				成员1/分	成员2/分	成员3/分	平均分/分		
互评素养	a. 踊跃参与,表现积极	1	/					/	
	b. 经常鼓励/督促小组其他成员积极参与协作	1	/					/	
	c. 能够按时完成工作和学习任务	1	/					/	
	d. 对小组贡献突出	1	/					/	
师评素养	a. 积极主动参加教学活动	6	/	/	/	/	/		
	b. 已了解《中华人民共和国网络安全法》	3	/	/	/	/	/		
	c. 遵守操作规范	3	/	/	/	/	/		
综合得分									

问题分析和总结	

学习体会	

组 号		姓 名		教师签名	

项目14

配置深度安全防御功能

中国的"密码女王"

王小云,首位"未来科学大奖"女性得主,她曾经沉潜 10 年,破解了世界上公认的两种最安全、最先进、应用最广泛的密码算法。而这两种密码算法就是由美国标准技术局颁布的MD5 和 SHA-1,如果以常规算法,即使调用军用超级计算机也要计算 100 万年才有可能破解!然而,王小云却在半年的时间里攻破美国认为最安全的两套密码算法。今天,王小云院士领头设计的中国第一个密码算法标准 SM3 作为重要的国产信息安全基础设施,不仅为国家安全保驾护航,连我们的银行卡、社保卡、家庭电卡和水卡,都在这套密码算法系统的保护之下。在王小云心中,她始终把国家的责任摆在第一位,正如她所说:"我的梦想是永远不忘初心,做好整个国家的密码保障工作,把我们的密码防御体系布局在国家的重要领域,使我们的国家更安全,人民的生活更幸福!"

学习目标

【知识目标】

(1)掌握安全设备的深度安全防御的方法;

(2)掌握安全设备中深度安全技术的防护原理。

【技能目标】

(1)能够针对安全设备进行特征库的更新升级;

(2)能够利用安全设备的特征库,进行深度安全防御。

【素质目标】

(1)培养爱国主义情怀;

(2)培养民族自豪感和科技强国思想;

(3)培养大国工匠精神;

(4)培养和提高国家安全意识和气节意识。

DPI 深度安全技术——
文件过滤(安全设备)

DPI 深度安全技术——
URL 过滤(安全设备)

连接数限制

项目描述

如图 14.1 所示,企业用户内网主机通过防火墙与外网相连,现需要使用入侵防御功能,保护企业内网用户免受来自 Internet 的攻击。部署带宽管理功能,保证企业内访问外网 FTP 应用流量带宽,并通过配置应用审计与管理策略对企业内用户上网行为进行监控。

项目组网图

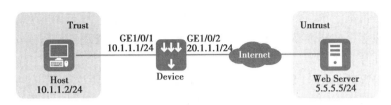

图 14.1

任务 1　配置 DPI 深度安全防御功能

一、任务导入

如图 14.1 所示,FW 作为安全网关部署在内网边界。现需要使用入侵防御功能,保护企业内网用户免受来自 Internet 的攻击。其中,企业内网经常受到漏洞类的攻击,需要对其进行防范。另外,内网用户在使用某重要应用软件时被阻断,经排查发现该应用被设备检测出匹配某入侵防御特征(特征 ID 为 936),考虑到该软件的重要性和来源的可靠性,需要管理员临时放行该特征,以便用户使用该软件。其余具体要求如下:

- 对企业用户访问 Internet 网络部署 IPS 入侵防御策略,并放行特征 ID 为 936 应用。
- 限制企业用户访问外网 FTP 应用流量的上行保证带宽和下行保证带宽均为 30 Mb/s。
- 对在上班期间企业内网用户上有上网行为均进行审计,同时记录日志并发送。

本任务通过 H3C SecPath F1000 防火墙实现。

二、必备知识

设备 F1000 除了能提供 VPN、防火墙等基本的安全功能,还实现了防火墙与 IPS(Intrusion Prevention System,入侵防御系统)、防病毒、带宽管理、应用审计等深度安全防御功能。

1. DPI 技术

DPI(Deep Packet Inspection,深度报文检测)深度安全是一种基于应用层信息对经过设备的网络流量进行检测和控制的安全机制。

业务识别:对报文传输层以上的内容进行分析,并与设备中的特征字符串进行匹配来识别业务流的类型。

业务控制:业务识别之后,设备根据各 DPI 业务模块的策略以及规则配置,实现对业务流量的灵活控制。

业务统计:对业务流量的类型、协议解析的结果、特征报文的检测和处理结果等进行统计。

2. IPS

IPS(Intrusion Prevention System,入侵防御系统)是一种可以对应用层攻击进行检测并防御的安全防御技术。IPS 通过分析流经设备的网络流量来实时检测入侵行为,并通过一定的响应动作阻断入侵行为,实现保护企业信息系统和网络免遭攻击的目的。

3. 带宽管理

带宽管理是指基于源/目的安全域、源/目的 IP 地址、用户/用户组、应用/应用组、DSCP 优先级和时间段等报文属性,对经过设备的流量进行精细化的管理和控制。

4. 应用审计与管理

应用审计与管理是在 APR(Application Recognition,应用层协议识别)的基础上进一步识别出应用的具体行为(比如 IM 聊天软件的用户登录、发消息等)和行为对象(比如 IM 聊天软件登录的行为对象是账号信息等),据此对用户的上网行为进行审计和记录。

三、任务实施

1. WEB 页面配置

配置接口 IP 地址和安全域。

步骤 1:选择"网络→接口→接口",进入接口配置页面。

步骤 2:如图 14.2 所示,单击接口 GE1/0/1 右侧的"编辑"按钮,配置如下。

* 安全域:Trust。
* 选择"IPv4 地址"页签,配置 IP 地址/掩码长度:10.1.1.1/24。
* 其他配置项使用缺省值。

图 14.2

步骤 3:单击"确定"按钮,完成接口 IP 地址和安全域的配置。

步骤 4：如图 14.3 所示，按照同样的步骤配置接口 GE1/0/2，配置如下：

● 安全域：Untrust。

● IP 地址/掩码：20.1.1.1/24。

● 其他配置项使用缺省值。

图 14.3

2. 配置路由

步骤 1：选择"网络→路由→静态路由→IPv4 静态路由"，单击"新建"按钮，进入新建 IPv4 静态路由页面。

步骤 2：如图 14.4 所示，新建 IPv4 静态路由，并进行如下配置：

● 目的 IP 地址：5.5.5.0。

● 掩码长度：24。

● 下一跳 IP 地址：20.1.1.2。

● 其他配置项使用缺省值。

步骤 3：单击"确定"按钮，完成静态路由的配置。

3. 升级防病毒特征库到最新版本

在导航栏中选择"系统→升级中心→特征库升级"，进入如图 14.5 所示的页面。

可以在官网下载最新病毒库文件，然后采用本地方式进行更新升级。

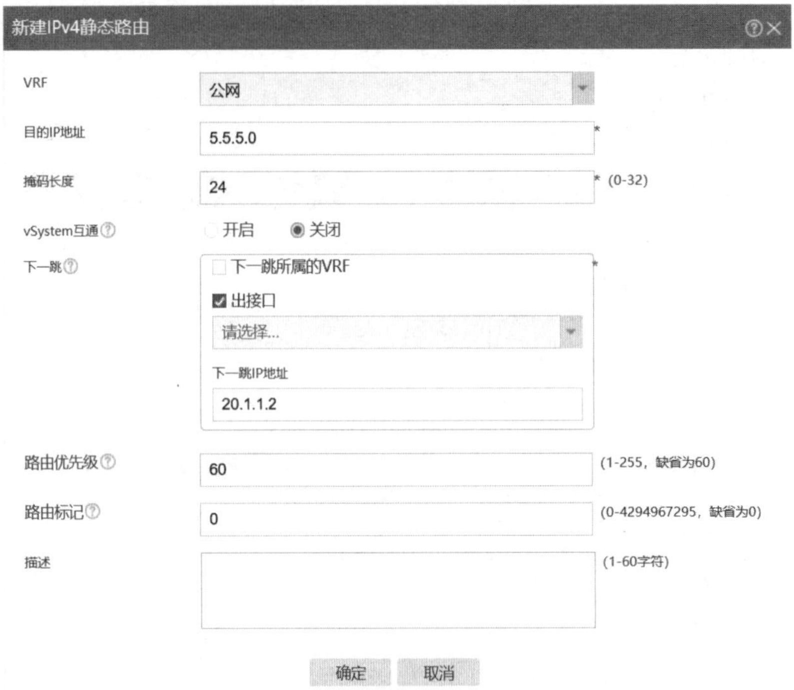

图 14.4

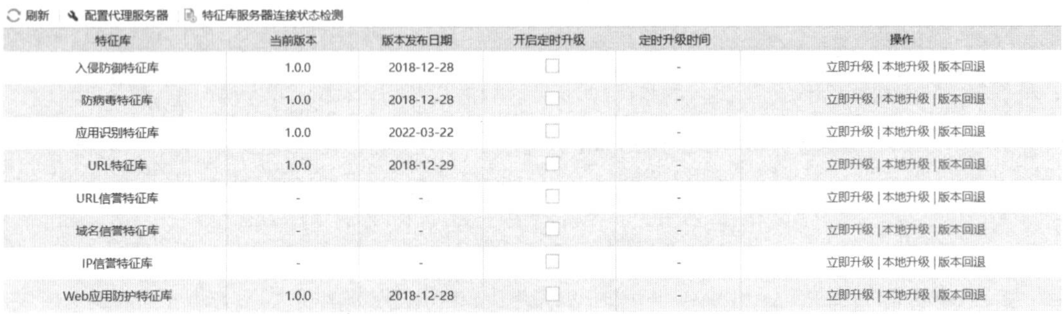

刷新 | 配置代理服务器 | 特征库服务器连接状态检测

特征库	当前版本	版本发布日期	开启定时升级	定时升级时间	操作
入侵防御特征库	1.0.0	2018-12-28	☐	-	立即升级 | 本地升级 | 版本回退
防病毒特征库	1.0.0	2018-12-28	☐	-	立即升级 | 本地升级 | 版本回退
应用识别特征库	1.0.0	2022-03-22	☐	-	立即升级 | 本地升级 | 版本回退
URL特征库	1.0.0	2018-12-29	☐	-	立即升级 | 本地升级 | 版本回退
URL信誉特征库	-	-	☐	-	立即升级 | 本地升级 | 版本回退
域名信誉特征库	-	-	☐	-	立即升级 | 本地升级 | 版本回退
IP信誉特征库	-	-	☐	-	立即升级 | 本地升级 | 版本回退
Web应用防护特征库	1.0.0	2018-12-28	☐	-	立即升级 | 本地升级 | 版本回退

图 14.5

4. 配置入侵防御配置文件

步骤 1：选择“对象→应用安全→入侵防御→配置文件”，单击“新建”按钮，进入新建入侵防御配置文件页面，新建名为 ips 的入侵防御配置文件。

如图 14.6 所示，在筛选条件区域，配置如下。

- 保护对象：全部。
- 攻击分类：漏洞。
- 方向：服务端、客户端。
- 预定义动作：丢弃、允许、重置、黑名单。
- 严重级别：严重、高、中、低。
- 预定义状态：使能。

步骤 2：设置动作区域，配置如下：

- 动作：丢弃。

图 14.6

- 日志：开启。
- 其他配置项使用缺省值。

步骤 3：单击"确定"按钮，完成特征的修改。

步骤 4：单击"确定"按钮，完成入侵防御配置文件的配置。

步骤 5：在生效特征列表中，勾选特征 ID 936，单击"自定义设置"按钮，进入自定义设置页面，配置如下（图 14.7）：

- 状态：生效。
- 设置动作：允许。
- 日志：开启。
- 其他配置项使用缺省值。

步骤 6：单击"确定"按钮，完成特征的修改。

步骤 7：单击"确定"按钮，完成入侵防御配置文件的配置。

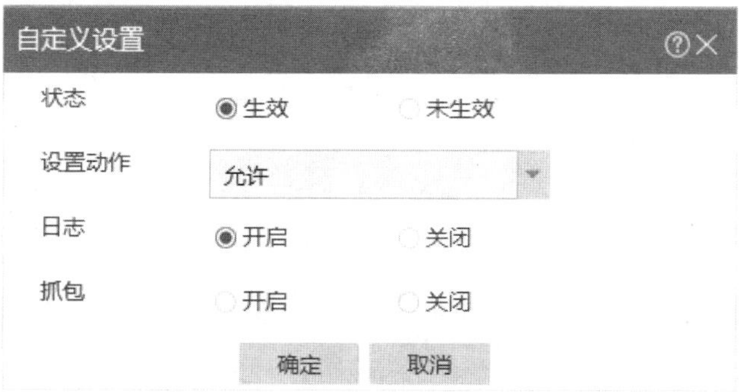

图 14.7

5.配置安全策略

步骤 1:选择"策略→安全策略→安全策略",单击"新建"按钮,选择新建策略,进入新建安全策略页面。

如图 14.8、图 14.9 所示,新建安全策略,并进行如下配置。

图 14.8

图 14.9

- 名称:untrust-trust。
- 源安全域:untrust。
- 目的安全域:trust。
- 类型:IPv4。
- 动作:允许。
- 目的 IP 地址:10.1.1.0/24。
- 内容安全中引用入侵防御配置文件:ips。
- 其他配置项使用缺省值。

步骤2:单击"确定"按钮,完成安全策略的配置。

步骤3:按照同样的步骤,配置安全策略 trust-untrust,并进行如图 14.10、图 14.11 所示配置:

- 名称:trust-untrust。
- 源安全域:trust。
- 目的安全域:untrust。
- 类型:IPv4。
- 动作:允许。
- 源 IP 地址:10.1.1.0/24。
- 内容安全中引用入侵防御配置文件:ips。
- 其他配置项使用缺省值。

步骤4:单击"确定"按钮,完成安全策略的配置。

图 14.10

图 14.11

6. 激活配置

如图 14.12 所示，入侵防御配置文件在被安全策略引用后，需要在安全策略页面单击"提交"按钮，使入侵防御配置文件生效。完成安全策略配置后，需要在安全策略页面单击"立即加速"按钮，激活安全策略加速。

图 14.12

7. 配置 FTP 带宽通道

选择"策略→带宽管理→带宽通道"，单击"新建"按钮，进入新建带宽通道页面，新建带宽通道 profileftp，配置如图 14.13 所示。

其他配置项使用缺省值。

单击"确定"按钮，完成配置。

8. 配置带宽策略

选择"策略→带宽管理→带宽策略"，单击"新建"按钮，进入新建带宽策略页面，新建带宽策略 FTP，配置如图 14.14、图 14.15 所示。

图 14.13

图 14.14

图 14.15

其他配置项使用缺省值。

单击"确定"按钮,完成配置。

新建带宽策略成功后,选中此策略,并单击"启用"按钮,开启带宽策略,如图 14.16 所示。

图 14.16

9. 创建时间段

创建名为 work 的时间段,其时间范围为每周工作日的 8 点到 18 点,选择"对象→对象组→时间段",进入时间段配置页面,配置如图 14.17 所示。

图 14.17

10. 创建应用审计策略

在应用审计的"审计策略"页面,单击"新建"按钮,进入"新建审计策略"页面(图 14.18)。

图 14.18

名称配置为 auditapp,源安全域为 Trust,目的安全域为 Untrust,时间段选择为 workday,审计规则选择新建,规则 ID 为 1,日志选择为记录,如图 14.19 所示。

图 14.19

11. 配置安全及审计日志

选择"系统→日志设置→基本设置",选择存储空间设置页签,勾选威胁业务右侧的复选框,开启威胁日志及审计日志本地存储功能,如图 14.20 所示。

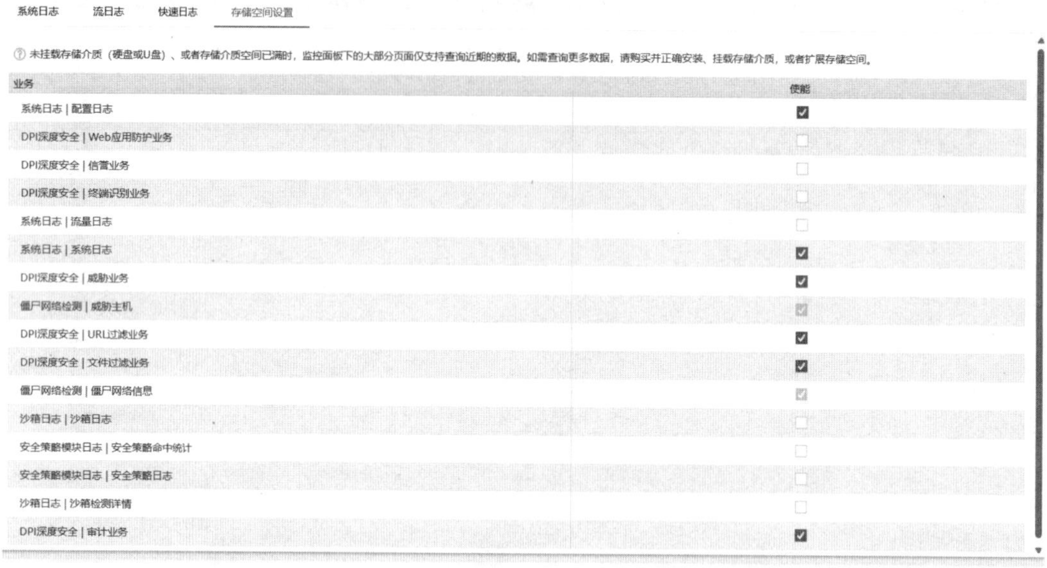

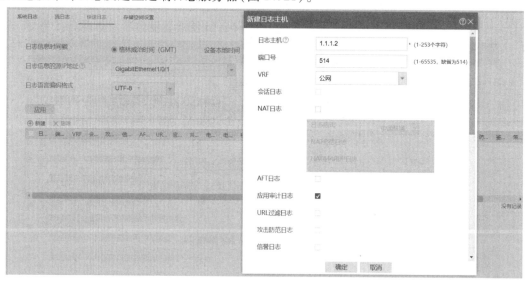

图 14.20

如企业网络存在远端日志服务器,推荐在快速日志中,可以创建日志主机,并配置相关安全日志及审计日志发送至远端日志服务器(图 14.21)。

图 14.21

12. 验证结果

以上配置完成后,可以实现针对漏洞类的攻击的防护,并且,内网用户使用某重要应用软件时(被检测出入侵防御特征 ID 为 936),不会被阻断。管理员可 Web 登录防火墙,在"监控→安全日志→威胁日志"中定期查看网络威胁日志信息。在"监控→应用审计日志"中,定期查看企业用户上网审计日志。

四、任务小结

防火墙支持的 DPI 业务主要包括 IPS、URL 过滤、数据过滤、文件过滤、防病毒和 NBAR（Network Based Application Recognition，基于内容特征的应用层协议识别）。本任务针对项目提出的要求进行深度安全防御策略（IPS、带宽管理、应用审计）的配置。其他的 DPI 技术，如防病毒功能在本书项目 13 中实现，数据过滤、文件过滤在本书项目 5 的任务 3 中实现。通过多种 DPI 技术结合，可以实现对内网的深度安全防御。

【思考拓展】

（1）从官网下载特征库并完成升级操作。

（2）通过 HCL 完成一个文件过滤操作。

【证赛精华】

本项目涉及 H3CNE-Security 认证考试（GB0-510）和全国职业院校技能大赛（信息安全管理与评估）的相关要求：

（1）认证考试点：DPI 技术。

内容包括什么是 DPI、DPI 特征库、DPI 业务、DPI 基本工作原理、IPS 技术、IPS 特征、IPS 动作、URL 过滤、过滤规则、规则匹配方式、文件过滤技术、数据过滤特性、DPI 基础配置、License 申请、IPS 配置、URL 过滤配置等。

（2）竞赛知识点与技能点：

● 网络安全设备配置与防护——数据分析；

● 网络安全事件响应、数字取证调查和应用程序安全——网络安全事件响应。

能利用日志系统对网络内的数据进行分析、安全管理，进行网络安全事件响应。

❋ 项目评价

评价维度	评价标准/内容	分值/分	自评(20%)/分	互评(20%)(各成员计算平均分)				师评(60%)/分	得分/分
				成员1/分	成员2/分	成员3/分	平均分/分		
知识	a. 对安全设备的深度安全防御方法的理解以及线上平台测验完成情况	15							
	b. 对安全设备中深度安全技术的防护原理的理解以及线上平台测验完成情况	15							

续表

评价维度	评价标准/内容	分值/分	自评(20%)/分	互评(20%)(各成员计算平均分)				师评(60%)/分	得分/分
				成员1/分	成员2/分	成员3/分	平均分/分		
技能	a. 能够针对安全设备进行病毒库的更新升级	25							
	b. 能够利用安全设备的病毒特征库,进行深度安全防御	25							
自评素养	a. 已提升爱国主义情怀和民族自豪感	2		/	/	/	/	/	
	b. 已理解大国工匠精神	1		/	/	/	/	/	
	c. 已增强国家安全意识和气节意识	1		/	/	/	/	/	
互评素养	a. 踊跃参与,表现积极	1	/					/	
	b. 经常鼓励/督促小组其他成员积极参与协作	1	/					/	
	c. 能够按时完成工作和学习任务	1	/					/	
	d. 对小组贡献突出	1	/					/	
师评素养	a. 积极主动参加教学活动	6	/	/	/	/	/		
	b. 理论知识和实践能融会贯通	3	/	/	/	/	/		
	c. 遵守操作规范	3	/	/	/	/	/		
综合得分									
问题分析和总结									

学习体会	
组　号		姓　名		教师签名	

模块 4

层层联防——配置综合应用

项目15

配置DNS与NAT组合应用典型案例

网络安全典型案例——数据信息泄露

网络是一把"双刃剑",在"网上冲浪"的时候就会无意间泄露自己的信息,很容易就让有心人钻了空子,从而让自己的信息被泄露出去。

2022 年 8 月 28 日,某校学生会学生干部参加社会实践活动时,应某企业管理咨询有限公司业务人员要求,擅自组织学生参与网上《××宿舍满意度调查问卷》活动,让学生登录学信网并填写学信码,参与的学生的信息就这样泄露了出去。但是该名学生干部对公司的用意并不知晓,好在被及时发现了,只有部分学生受到了影响。

案例警示:互联网大数据时代,个人信息的整理、收集和传输变得越来越容易,个人信息泄露导致的电信网络诈骗等各种违法犯罪活动更是愈演愈烈,严重威胁到个人财产安全和社会稳定。

学习目标

【知识目标】

(1)了解 DNS Server 在公网时,NAT 的配置方法;

(2)了解 FTP 服务器在内网时,ALG 的转换过程。

【技能目标】

(1)能够配置 DNS 服务器;

(2)能够配置 FTP 服务器;

(3)能够配置 ALG 功能,让私网用户能访问私网的 FTP 服务器;

(4)能够通过动态域名解析功能,让私网用户通过域名访问私网的 FTP 服务器;

(5)能够让公网用户通过域名访问私网的 FTP 服务器。

【素质目标】

(1)培养个人信息保护意识;

(2)培养遵从标准、严守规则的规范意识;

(3)培养敬畏法律、恪守底线的法律意识。

项目描述

现实生活中经常会遇到 DNS 服务器和用户不在一个安全域的情况,如私网用户访问私网服务器,但是 DNS 服务器在公网,如图 15.1 所示。还有一种情况则是公网用户访问私网应用服务器,而 DNS 服务器在私网,如图 15.2 所示。

项目组网图

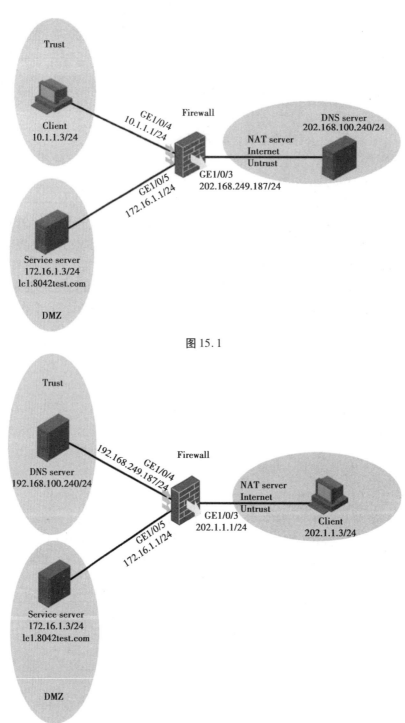

图 15.1

图 15.2

任务 1　启用 ALG,私网用户通过域名访问位于私网的服务器

一、任务导入

如图 15.1 所示,DNS Server 在公网,设置 DNS Server,服务器域名对应地址为公网地址:202.168.100.70。设置私网 FTP Server,地址为 10.1.1.3 的私网用户通过域名 LC1.8042test.com 访问位于私网 DMZ 的业务服务器(172.16.1.1/24)。此时可以启用 ALG 功能实现。

本任务通过 H3C SecPath F1060 防火墙实现。

二、必备知识

1. FTP 和 ALG

FTP 应用由数据连接和控制连接共同完成,而且数据连接的建立动态地由控制连接中的载荷字段信息决定,这就需要 ALG 来完成载荷字段信息的转换,以保证后续数据连接的正确建立。

2. 工作原理

以 FTP 协议为例,简单描述使能 ALG 特性的设备在网络中的工作过程。如图 15.1 所示,位于外部网络的客户端以 PASV 方式访问内部网络的 FTP 服务器,经过中间的设备 Device 进行 NAT 转换,该设备上使能了 ALG 特性。

整个通信过程包括如下四个阶段:

1)建立控制通道

客户端向服务器发送 TCP 连接请求。TCP 连接建立成功后,服务器和客户端进入用户认证阶段。若 TCP 连接失败,服务器会断开与客户端的连接。

2)用户认证

客户端向服务器发送认证请求,报文中包含 FTP 命令(USER、PASSWORD)及命令所对应的内容。

客户端发送的认证请求报文在通过配置了 ALG 的设备时,报文载荷中携带的命令字将会被解析出来,用于进行状态机转换过程是否正确的检查。若状态机转换发生错误,则丢弃报文。这样可防止客户端发送状态机错误的报文攻击服务器或者非法登录服务器,起到保护服务器的作用。客户端的认证请求报文通过 ALG 处理之后,到达服务器端,服务器将对其进行响应。

3)创建数据通道

认证状态正确且用户是服务器已经授权的客户端才能和服务器建立数据连接,进行数据的交互。

如图 15.3 所示,当客户端通过"PASV"命令发起连接时,服务器会在发送给客户端的 PASV 响应报文中携带自己的私网地址和端口号(IP1,Port1),响应报文经过 ALG 设备时被解析,其中携带的服务器的私网地址和端口号被转换成其对应的公网地址和端口号(IP2,Port2),之后将在该地址和端口与客户端的地址和端口之间建立起数据通道。

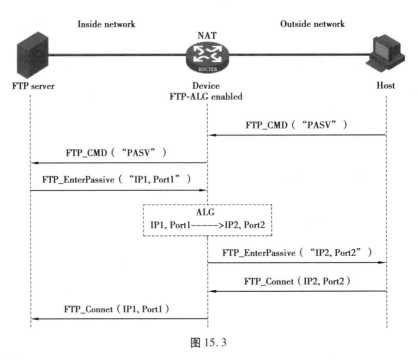

图 15.3

4）数据交互

客户端和服务器之间的数据交互可以直接通过数据通道进行。

三、任务实施

1. 配置接口的 IP 地址

在上方导航栏选择"网络→接口→接口"，单击"✏"，配置接口 GE1/0/3、GE1/0/4 和
GE1/0/5 的 IP 地址，如图 15.4—图 15.7 所示。

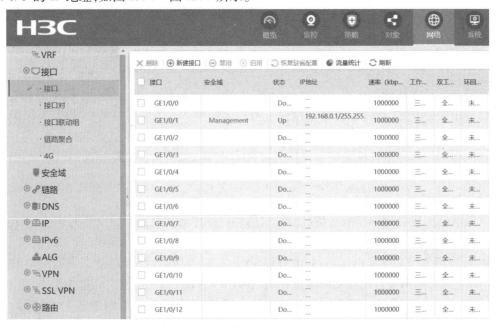

图 15.4

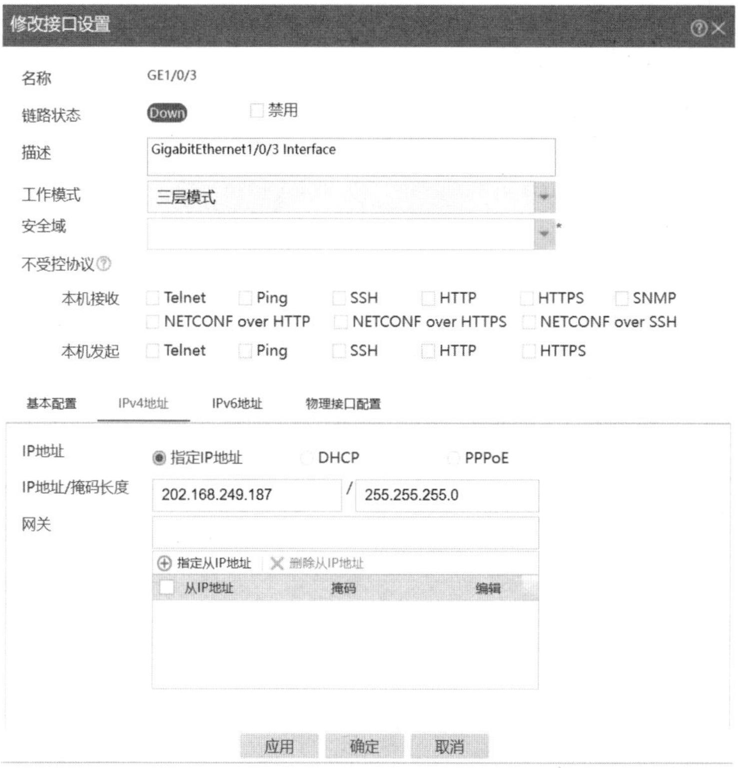
修改接口设置
名称
GE1/0/3
链路状态
Down
禁用
描述
GigabitEthernet1/0/3 Interface
工作模式
三层模式
安全域
不受控协议
本机接收
Telnet
Ping
SSH
HTTP
HTTPS
SNMP
NETCONF over HTTP
NETCONF over HTTPS
NETCONF over SSH
本机发起
Telnet
Ping
SSH
HTTP
HTTPS
基本配置
IPv4地址
IPv6地址
物理接口配置
IP地址
指定IP地址
DHCP
PPPoE
IP地址/掩码长度
202.168.249.187
255.255.255.0
网关
指定从IP地址
删除从IP地址
从IP地址
掩码
编辑
应用
确定
取消

图 15.5

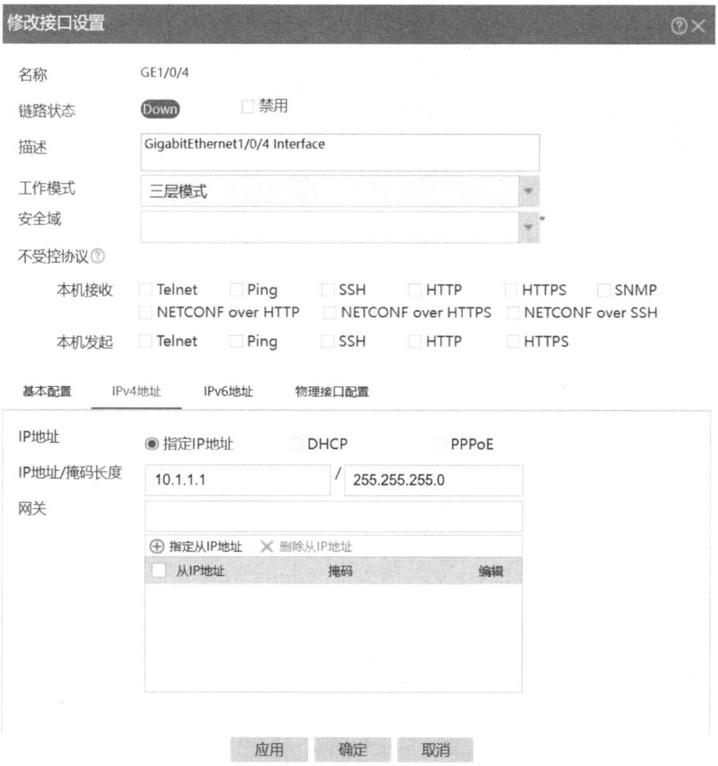
修改接口设置
名称
GE1/0/4
链路状态
Down
禁用
描述
GigabitEthernet1/0/4 Interface
工作模式
三层模式
安全域
不受控协议
本机接收
Telnet
Ping
SSH
HTTP
HTTPS
SNMP
NETCONF over HTTP
NETCONF over HTTPS
NETCONF over SSH
本机发起
Telnet
Ping
SSH
HTTP
HTTPS
基本配置
IPv4地址
IPv6地址
物理接口配置
IP地址
指定IP地址
DHCP
PPPoE
IP地址/掩码长度
10.1.1.1
255.255.255.0
网关
指定从IP地址
删除从IP地址
从IP地址
掩码
编辑
应用
确定
取消

图 15.6

图 15.7

2. 配置安全域

上方导航栏选择"网络→安全域",如图 15.8 所示,单击"✎",将接口 GE1/0/3 加入"Untrust"安全域,GE1/0/4 加入"Trust"安全域,GE1/0/5 加入"DMZ"安全域,如图 15.9 所示。

图 15.8

图 15.9

3.置动态域名解析

在上方导航栏选择"网络→DNS→高级设置",如图 15.10 所示,配置动态域名解析。

图 15.10

4. 配置 ACL

在上方导航栏选择"对象→ACL→IPv4",单击"新建"按钮,进入新建 ACL 界面,如图 15.11 所示。

图 15.11

单击"确定"按钮,显示创建的 ACL 信息,如图 15.12 所示。

	ACL分类	ACL	规则数量	规则匹配顺序	默认规则编号步长
	高级	3000	0	配置顺序	5

图 15.12

单击 ACL3000 的编辑按钮,进入 ACL 规则配置界面,单击"新建"按钮,新建 ACL 规则,如图 15.13 所示。

图 15.13

5. 配置 NAT

在上方导航栏选择"策略→接口 NAT→IPv4→NAT 动态转换",单击"NAT 出方向动态转换（基于 ACL）"下的"新建"按钮,配置 GE1/0/3 下的 NAT,如图 15.14 所示。

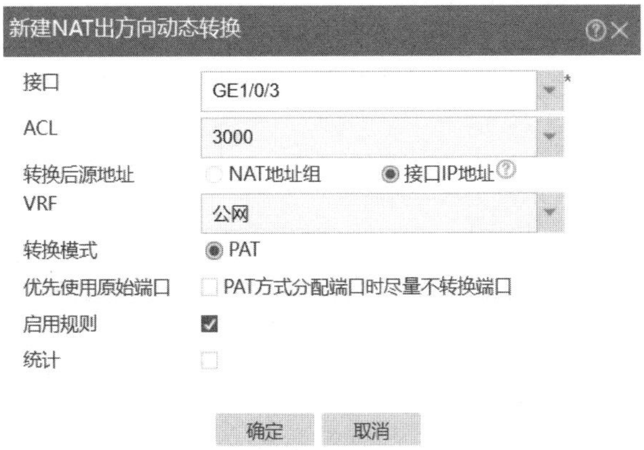

新建NAT出方向动态转换

接口	GE1/0/3
ACL	3000
转换后源地址	○ NAT地址组　◉ 接口IP地址
VRF	公网
转换模式	◉ PAT
优先使用原始端口	□ PAT方式分配端口时尽量不转换端口
启用规则	☑
统计	□

确定　取消

图 15.14

在导航栏选择"策略→接口 NAT→IPv4→NAT 内部服务器",点击"策略配置"下"新建"按钮,配置 GE1/0/3 下的 NAT,如图 15.15 所示。

新建NAT内部服务器

名称	ServerRule_3	(1-63字符)
接口	GE1/0/3	
协议类型 ?		(1-255)
映射方式 ?	外网地址单一,未使用外网端口或外网端口自	
映射备注		(1-63字符)
外网地址	◉ 指定IP地址	
	202.168.100.70	
	○ 使用当前接口的主IP地址作为内部服务器的外网地址（Easy IP）	
	○ 使用Loopback接口的主IP地址作为内部服务器的外网地址	
外网端口		(1-65535)
外网VRF	公网	
内部服务器IP地址	198.1.1.3	
内部服务器端口		(1-65535)
内部服务器VRF	公网	
报文匹配规则（ACL）		
VRRP备份组		(1-255)

确定　取消

图 15.15

6. 配置应用层协议检测

在导航栏中选择"网络→ALG",将需要启用应用层协议检测功能的协议添加到已选应用协议框中,如图 15.16 所示。

图 15.16

7. 验证配置

（1）从客户端 PC 通过域名：lc1.8042test.com 进行 Ping 操作，0 丢包（解析地址为 172.16.1.3）；

（2）从客户端 PC 通过域名：lc1.8042test.com 进行 Telnet 操作，能够远程登录；

（3）从客户端 PC 通过域名：lc1.8042test.com 进行 HTTP 访问操作，能够正常访问；

（4）用 debugging nat packet 命令打开调试信息，从 Firewall 上可以看到 NAT 转换调试信息，报文交互数据流如下：

```
* Jul 26 16:43:01:084 2013 f5000a-2 NAT/7/debug:
(0x00000078-in:)Pro : TCP is to NAT server
(10.1.1.3:1460 - 202.168.100.70:  23)
(10.1.1.3:1460 - 172.16.1.3:  23)
* Jul 26 17:31:50:865 2013 f5000a-2 NAT/7/debug:
(0x00000077-out:)Pro : UDP
10.1.1.3:1025 - 202.168.100.240:  53) ------>
(202.168.249.187:1027 - 202.168.100.240:  53)
* Jul 26 17:31:50:866 2013 f5000a-2 NAT/7/debug:
(0x00000077-in:)Pro : UDP
(10.1.1.3:1025 - 202.168.100.240: 53)
(202.168.249.187:1027 - 202.168.100.240: 53
Jul 26 17:31:50:868 2013 f5000a-2 NAT/7/debug:
(0x00000077-in:)Pro : UDP
(202.168.100.240: 53 - 202.168.249.187:1027) ------>
(202.168.100.240:53  10.1.1.3:1025)
Jul 26 17:31:50:868 2013 f5000a-2 ALG/7/ALG_DBG:Alg debug info:
FromVPN : 0,Pro :
Direction : IN
( 202.168.100.70: 0 ) ----> (172.16.1.3:  0)
```

（5）Firewall 上存在相关会话：

```
<Firewall> display session table verbose
Initiator:
Source IP/Port : 10.1.1.3/2048
Dest IP/Port : 172.16.1.3/768
VPN-Instance/VLAN ID/VLL ID:
Responder:
Source IP/Port : 172.16.1.3/0
Dest IP/Port : 10.1.1.3/768
VPN-Instance/VLAN ID/VLL ID:
Pro:ICMP(1) App: unknown State: ICMP-CLOSED
Start time: 2022-07-26 17:31:49 TTL: 20s
Root Zone(in): Trust
Zone(out): DMZ
Received packet(s)(Init): 4 packet(s) 294 byte(s)
Received packet(s)(Reply): 4 packet(s) 294 byte(s)
Initiator:
Source IP/Port : 10.1.1.3/137
Dest IP/Port : 10.1.1.255/137
VPN-Instance/VLAN ID/VLL ID:
Responder:
Source IP/Port : 10.1.1.255/137
Dest IP/Port : 10.1.1.3/137
VPN-Instance/VLAN ID/VLL ID:
Pro:UDP(17) App: NBT-name State: UDP-OPEN
Start time: 2022-07-26 17:31:39 TTL: 6s
Root Zone(in): Trust
Zone(out): Local
Received packet(s)(Init): 3 packet(s) 234 byte(s)
Received packet(s)(Reply): 0 packet(s) 0 byte(s)
Initiator:
Source IP/Port : 10.1.1.3/1025
Dest IP/Port : 202.168.100.240/53
VPN-Instance/VLAN ID/VLL ID:
Responder:
Source IP/Port : 202.168.100.240/53
Dest IP/Port : 202.168.249.187/1027
VPN-Instance/VLAN ID/VLL ID:
Pro:UDP(17) App: DNS State: UDP-READY
Start time: 2022-07-26 17:31:49 TTL: 42s
Root Zone(in): Trust
```

```
Zone(out): Untrust
Received packet(s)(Init): 2 packet(s) 124 byte(s)
Received packet(s)(Reply): 2 packet(s) 221 byte(s)
Total find: 3
```

四、任务小结

本任务通过 ALG 功能,让 FTP、DNS 协议穿越防火墙,达到私网用户通过域名访问位于私网的服务器的目的。

✿ 任务2   不启用 ALG,私网用户通过域名访问位于私网的服务器

一、任务导入

项目组网图 15.1 的实施也可以不启用 ALG 功能,而是在防火墙上配置 DNS 动态域名解析。

本任务通过 H3C SecPath F1060 防火墙实现。

二、必备知识

1. 域名解析

DNS 是一种用于 TCP/IP 应用程序的分布式数据库,提供域名与 IP 地址之间的转换。用户通过域名系统进行某些应用时,可以直接使用便于记忆的、有意义的域名,而由网络中的域名解析服务器将域名解析为正确的 IP 地址。

域名解析分为静态域名解析和动态域名解析,二者可以配合使用。在解析域名时,首先采用静态域名解析(查找静态域名解析表),如果静态域名解析不成功,再采用动态域名解析。由于动态域名解析可能会花费一定的时间,且需要域名服务器的配合,因而可以将一些常用的域名放入静态域名解析表中,这样可以大大提高域名解析效率。

2. 静态域名解析

静态域名解析就是手工建立域名和 IP 地址之间的对应关系。当用户使用域名进行某些应用(如 telnet 应用)时,系统查找静态域名解析表,从中获取指定域名对应的 IP 地址。

3. 动态域名解析过程

动态域名解析是通过对域名服务器进行查询完成的。解析过程如下:

(1)当用户使用域名进行某些应用时,用户程序首先向 DNS 客户端中的解析器发出请求。

(2)DNS 客户端收到请求后,首先查询本地的域名缓存。如果存在已解析成功的映射项,就将域名对应的 IP 地址返回给用户程序;如果没有发现所要查找的映射项,就向域名服务器(DNS Server)发送查询请求。

(3)域名服务器首先从自己的数据库中查找域名对应的 IP 地址。如果判断该域名不属

于本域范围之内,就将请求交给上一级的域名解析服务器处理,直到完成解析,并将解析的结果返回给 DNS 客户端。

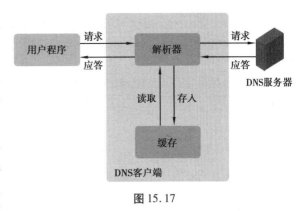

图 15.17

(4)DNS 客户端收到域名服务器的响应报文后,将解析结果返回给应用程序。

用户程序、DNS 客户端及域名服务器的关系如图 15.17 所示,其中解析器和缓存构成 DNS 客户端。用户程序、DNS 客户端在同一台设备上,而 DNS 客户端和服务器一般分布在两台设备上。

动态域名解析支持缓存功能。每次动态解析成功的域名与 IP 地址的映射均存放在动态域名缓存区中,当下一次查询相同域名的时候,就可以直接从缓存区中读取,不用再向域名服务器进行请求。缓存区中的映射在一段时间后会被老化删除,以保证及时从域名服务器得到最新的内容。老化时间由域名服务器设置,DNS 客户端从协议报文中获得老化时间。

三、任务实施

1.配置接口的 IP 地址

在上方导航栏选择"设备管理→接口管理",如图 15.18 所示,单击"✏",配置接口 GE1/0/3、GE1/0/4 和 GE1/0/5 的 IP 地址,如图 15.19—图 15.21 所示。

	接口	安全域	状态	IP地址	速率（kbp...	工作...	双工...	环回...
☐	GE1/0/0		Do...	--	1000000	三...	全...	未...
☐	GE1/0/1	Management	Up	192.168.0.1/255.255.--	1000000	三...	全...	未...
☐	GE1/0/2		Do...	--	1000000	三...	全...	未...
☐	GE1/0/3		Do...	--	1000000	三...	全...	未...
☐	GE1/0/4		Do...	--	1000000	三...	全...	未...
☐	GE1/0/5		Do...	--	1000000	三...	全...	未...
☐	GE1/0/6		Do...	--	1000000	三...	全...	未...
☐	GE1/0/7		Do...	--	1000000	三...	全...	未...
☐	GE1/0/8		Do...	--	1000000	三...	全...	未...
☐	GE1/0/9		Do...	--	1000000	三...	全...	未...
☐	GE1/0/10		Do...	--	1000000	三...	全...	未...
☐	GE1/0/11		Do...	--	1000000	三...	全...	未...
☐	GE1/0/12		Do...	--	1000000	三...	全...	未...

H3C
概览　监控　策略　对象　网络　系统

VRF
接口
　·接口
　·接口对
　·接口联动组
　·链路聚合
　·4G
　安全域
链路
DNS
IP
IPv6
　ALG
VPN
SSL VPN
路由

✕ 删除　⊕ 新建接口　⊖ 禁用　启用　恢复缺省配置　流量统计　刷新

图 15.18

图 15.19

图 15.20

图 15.21

2.配置安全域

上方导航栏选择"网络→安全域",如图 15.22 所示,单击"✏",将接口 GE1/0/3 加入 "Untrust"安全域,GE1/0/4 加入"Trust"安全域,GE1/0/5 加入"DMZ"安全域,如图 15.23 所示。

3.配置动态域名解析

在左侧导航栏选择"网络管理→DNS→DNS 客户端",以及"网络→DNS→高级设置",配置动态域名解析,如图 15.24 所示。

4.配置 ACL

在上方导航栏选择"对象→ACL→IPv4",单击"新建"按钮,进入新建 ACL 界面,如图 15.25 所示。

单击"确定"按钮,显示创建的 ACL 信息,如图 15.26 所示。

单击 ACL 3000 的编辑按钮,进入 ACL 规则配置界面,单击"新建"按钮,新建 ACL 规则,如图 15.27 所示。

5.配置 NAT

在上方导航栏选择"策略→接口 NAT→IPv4→NAT 动态转换",单击"NAT 出方向动态转换(基于 ACL)"下的"新建"按钮,配置 GE1/0/3 下的 NAT,如图 15.28 所示。

图 15.22

图 15.23

DNS（Domain Name System，域名系统）是一种用于TCP/IP应用程序的分布式数据库，提供域名与IP地址之间的转换。

服务器类型　　　　◉ IPv4 DNS服务器　　　　　　　○ IPv6 DNS服务器

VRF　　　　　　　公网 ▾

域名服务器地址　　202.168.100.240　　　　　　　　　　✎ ✕

域名服务器地址　　　　　　　　　　　　　　　　　　⊕

DNS高级设置对IPv4和IPv6同时生效。

DNS代理

☑ 开启

DNS代理用来在DNS client和DNS server之间转发DNS请求和应答报文。

域名后缀

VRF　　　　　　　公网 ▾

域名后缀　　　　　8042test.com　　　　　　　　　　　✎ ✕

域名后缀　　　　　1-253个字符　　　　　　　　　　　⊕

图 15.24

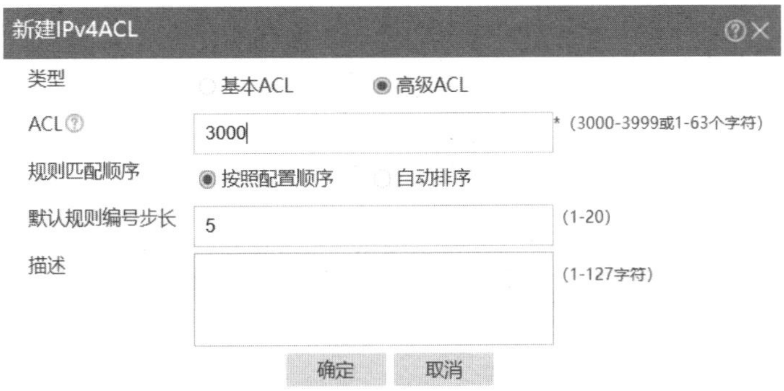

新建IPv4ACL　　　　　　　　　　　　　　　　　⑦✕

类型　　　　　　○ 基本ACL　　◉ 高级ACL

ACL⑦　　　　　3000　　　　　　　　* (3000-3999或1-63个字符)

规则匹配顺序　　◉ 按照配置顺序　　○ 自动排序

默认规则编号步长　5　　　　　　　　　　(1-20)

描述　　　　　　　　　　　　　　　　　　(1-127字符)

确定　　取消

图 15.25

ACL分类	ACL	规则数量	规则匹配顺序	默认规则编号步长
☐ 高级	3000	0	配置顺序	5

图 15.26

　　在导航栏选择"策略→接口 NAT→IPv4→NAT 内部服务器"，单击"策略配置"下"新建"按钮，配置 GE1/0/4 下的 NAT，如图 15.29 所示。

6.验证配置

（1）从客户端 PC 通过域名:lc1.8042test.com 进行 ping 操作,0 丢包(解析地址为 202.1.1.5)。

（2）从客户端 PC 通过域名:lc1.8042test.com 进行 Telnet 操作,能够远程登录。

（3）从客户端 PC 通过域名:lc1.8042test.com 进行 HTTP 访问操作,能够正常访问。

图 15.27

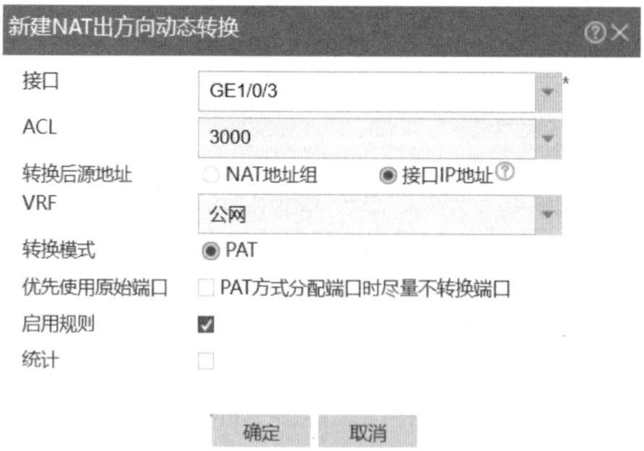

图 15.28

（4）用 debugging nat packet 命令打开信息调试开关，在 Firewall 上，看到 NAT 转换调试信息。

图 15.29

报文交互数据流如下：

```
* Jul 26 16:43:01:084 2013 f5000a-2 NAT/7/debug:
(0x00000078-in:)Pro : TCP is to NAT server
(10.1.1.3: 1460 - 202.168.100.70: 23) ------>
(10.1.1.3: 1460 - 172.16.1.3: 23)
* Jul 26 16:43:01:085 2013 f5000a-2 NAT/7/debug:
(0x00000078-out:)Pro : TCP is from NAT server
(172.16.1.3: 23 - 10.1.1.3: 1460) ------>
(202.168.100.70: 23 - 10.1.1.3: 1460)
* Jul 26 16:43:01:085 2013 f5000a-2 NAT/7/debug:
(0x00000078-in:)Pro : TCP is to NAT server
(10.1.1.3: 1460 - 202.168.100.70: 23) ------>
(10.1.1.3: 1460 - 172.16.1.3: 23)
* Jul 26 16:43:01:086 2013 f5000a-2 NAT/7/debug:
(0x00000078-out:)Pro : TCP is from NAT server
(172.16.1.3: 23 - 10.1.1.3: 1460) ------>
(202.168.100.70: 23 - 10.1.1.3: 1460)
* Jul 26 16:43:01:086 2013 f5000a-2 NAT/7/debug:
(0x00000078-out:)Pro : TCP is from NAT server
(172.16.1.3: 23 - 10.1.1.3: 1460) ------>
(202.168.100.70: 23 - 10.1.1.3: 1460)
```

（5）Firewall 上存在相关会话：

```
<Firewall> display session table verbose
Initiator:
Source IP/Port : 10.1.1.3/1460
Dest IP/Port : 202.168.100.70/23
VPN-Instance/VLAN ID/VLL ID:
Responder:
Source IP/Port : 172.16.1.3/23
Dest IP/Port : 10.1.1.3/1460
VPN-Instance/VLAN ID/VLL ID:
Pro:TCP(6) App: TELNET State: TCP-EST
Start time: 2022-07-26 16:42:59 TTL: 3595s
Root Zone(in): Trust
Zone(out): DMZ
Received packet(s)(Init): 18 packet(s) 1133 byte(s)
Received packet(s)(Reply): 15 packet(s) 1347 byte(s)
Initiator:
Source IP/Port : 202.168.249.187/1039
Dest IP/Port : 202.168.100.240/53
VPN-Instance/VLAN ID/VLL ID:
Responder:
Source IP/Port : 202.168.100.240/53
Dest IP/Port : 202.168.249.187/1039
VPN-Instance/VLAN ID/VLL ID:
Pro:UDP(17) App: DNS State: UDP-READY
Start time: 2022-07-26 16:42:59 TTL: 46s
Root Zone(in): Local
Zone(out): Untrust
Received packet(s)(Init): 1 packet(s) 62 byte(s)
Received packet(s)(Reply): 1 packet(s) 108 byte(s)
```

四、任务小结

本任务不启用 ALG 功能，而是在防火墙上配置 DNS 动态域名解析，达到私网用户通过域名访问位于私网的服务器的目的。

❀ 任务 3　公网用户访问私网的服务器

一、任务导入

如图 15.2 所示,DNS Server 在私网,设置 DNS Server,服务器域名对应地址为私网地址:172.16.1.3。公网用户通过域名访问位于私网的服务器。

本任务通过 H3C SecPath F1060 防火墙实现。

二、必备知识

1. DNS 代理

DNS 代理(DNS proxy)用于在 DNS client 和 DNS server 之间转发 DNS 请求和应答报文。局域网内的 DNS client 把 DNS proxy 当作 DNS server,将 DNS 请求报文发送给 DNS proxy。DNS proxy 将该请求报文转发到真正的 DNS server,并将 DNS server 的应答报文返回给 DNS client,从而实现域名解析。

使用 DNS proxy 功能后,当 DNS server 的地址发生变化时,只需改变 DNS proxy 上的配置,无须改变局域网内每个 DNS client 的配置,从而简化了网络管理。

只有 DNS proxy 上存在域名服务器地址,并存在到达域名服务器的路由,DNS proxy 才会向 DNS server 发送域名解析请求。否则,DNS proxy 不会向 DNS server 发送域名解析请求,也不会应答 DNS client 的请求。

2. DNS 模块功能

DNS 模块可以配置三个功能:静态域名解析、动态域名解析和 DNS proxy。

● 静态域名解析:为设备添加静态域名解析表项,之后设备查找静态域名解析表进行域名解析。

● 动态域名解析:设备通过 DNS server 进行域名解析。

● DNS proxy:将设备配置为 DNS 代理。

三、任务实施

1. 配置接口的 IP 地址

在上方导航栏选择"网络→接口→接口",如图 15.30 所示,单击"✐",配置接口 GE1/0/3、GE1/0/4 和 GE1/0/5 的 IP 地址。配置接口如图 15.31—图 15.33 所示。

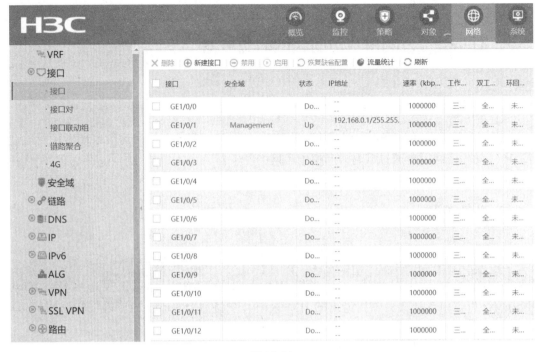

图 15.30

图 15.31

图 15.32

图 15.33

2.配置安全域

上方导航栏选择"网络→安全域",如图 15.34 所示,单击"✏",将接口 GE1/0/3 加入"trust"安全域,GE1/0/4 加入"Untrust"安全域,GE1/0/5 加入"DMZ"安全域,如图 15.35 所示。

图15.34

3.配置动态域名解析

在上方导航栏选择"网络→DNS→高级设置",配置动态域名解析,如图 15.36 所示。

4.配置 ACL

在上方导航栏选择"对象→ACL→IPv4",单击"新建"按钮,进入新建 ACL 界面,如图 15.37 所示。

单击"确定"按钮,显示创建的 ACL 信息,如图 15.38 所示。

单击 ACL3000 的编辑按钮,进入 ACL 规则配置界面,单击"新建"按钮,新建 ACL 规则,如图 15.39 所示。

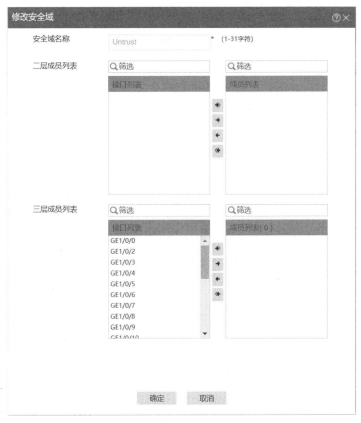

图 15.35

图 15.36

图 15.37

ACL分类	ACL	规则数量	规则匹配顺序	默认规则编号步长
□ 高级	3000	0	配置顺序	5

图 15.38

图 15.39

5. 配置 NAT

在上方导航栏选择"策略→接口 NAT→Pv4→NAT 动态转换",单击"NAT 出方向动态转换(基于 ACL)"下的"新建"按钮,配置 GE1/0/3 下的 NAT,如图 15.40 所示。

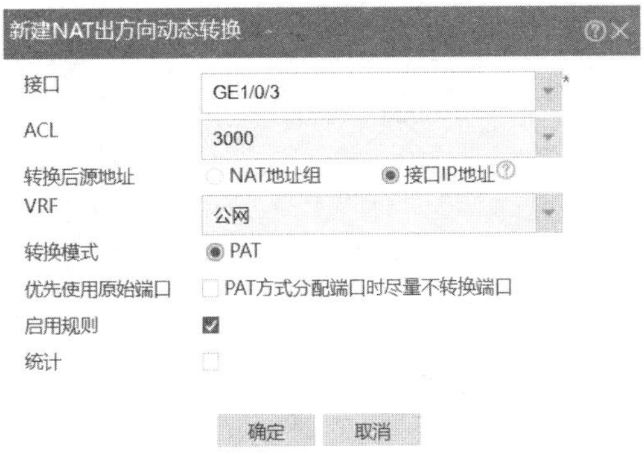

图 15.40

在导航栏选择"策略→接口 NAT→IPv4→NAT 内部服务器",单击"策略配置"下"新建"按钮,配置 GE1/0/4 下的 NAT。内部服务器转换配置如图 15.41、图 15.42 所示。

图 15.41

6.配置应用层协议检测

在导航栏中选择"网络→ALG",如图 15.43 所示,将需要启用应用层协议检测功能的协议添加到已选应用协议框中。

7.验证配置

(1)从客户端 PC 通过域名:lc1.8042test.com 进行 ping 操作,0 丢包(解析地址为 202.1.1.5)。

(2)从客户端 PC 通过域名:lc1.8042test.com 进行 Telnet 操作,能够远程登录。

(3)从客户端 PC 通过域名:lc1.8042test.com 进行 HTTP 访问操作,能够正常访问。

图 15.42

图 15.43

（4）用 debugging nat packet 命令打开信息调试开关,在 Firewall 上,看到 NAT 转换调试信息报文交互数据流如下:

```
* Jul 26 18:00:59:734 2011 f5000a-2 NAT/7/debug:
(0x00000077-out:) Pro : UDP
( 202.1.1.3: 1025 - 192.168.100.240: 53) ------>
(192.168.249.187: 1029 - 192.168.100.240: 53)
* Jul 26 18:00:59:737 2011 f5000a-2 NAT/7/debug:
(0x00000077-in:) Pro : UDP
(192.168.100.240: 53 - 192.168.249.187: 1029) ------>
(192.168.100.240: 53 - 202.1.1.3: 1025)
* Jul 26 18:00:59:737 2013 f5000a-2 NAT/7/debug:
(0x00000077-out:) Pro : UDP
( 202.1.1.3: 1025 - 192.168.100.240: 53) ------>
(192.168.249.187: 1029 - 192.168.100.240: 53)
* Jul 26 18:00:59:738 2013 f5000a-2 NAT/7/debug:
(0x00000077-in:) Pro : UDP
(192.168.100.240: 53 - 192.168.249.187: 1029) ------>
(192.168.100.240: 53 - 202.1.1.3: 1025)
* Jul 26 18:00:59:738 2013 f5000a-2 ALG/7/ALG_DBG:Alg debug info:
FromVPN : 0, Pro :
Direction : OUT
(172.16.1.3: 0 ) ----> ( 202.1.1.5: 0 )
* Jul 26 18:00:59:738 2013 f5000a-2 ALG/7/ALG_DBG:Alg debug info:
FromVPN : 0, Pro :
Direction : OUT
(192.168.100.240:0 ) ----> ( 202.1.1.240: 0 )
* Jul 26 18:00:59:741 2013 f5000a-2 NAT/7/debug:
(0x00000078-in:) Pro : ICMP is to NAT server
( 202.1.1.3: --- - 202.1.1.5: --- ) ------>
( 202.1.1.3: --- - 172.16.1.3: --- )
* Jul 26 18:00:59:742 2013 f5000a-2 NAT/7/debug:
(0x00000078-out:) Pro : ICMP is from NAT server
( 172.16.1.3: --- - 202.1.1.3: --- ) ------>
( 202.1.1.5: --- - 202.1.1.3: --- )
```

（5）Firewall 上存在相关会话：

```
<Firewall> display session table verbose
Initiator:
Source IP/Port :202.1.1.3/3668
Dest IP/Port :202.1.1.5/23
VPN-Instance/VLAN ID/VLL ID:
Responder:
Source IP/Port : 172.16.1.3/23
```

```
Dest IP/Port :202.1.1.3/3668
VPN-Instance/VLAN ID/VLL ID:
Pro:TCP(6) App: TELNET State: TCP-EST
Start time: 2022-07-27 09:14:25 TTL: 3595s
Root Zone(in): Trust
Zone(out): DMZ
Received packet(s)(Init): 10 packet(s) 630 byte(s)
Received packet(s)(Reply): 12 packet(s) 1141 byte(s)
Initiator:
Source IP/Port : 202.1.1.3/1025
Dest IP/Port : 192.168.100.240/53
VPN-Instance/VLAN ID/VLL ID:
Responder:
Source IP/Port : 192.168.100.240/53
Dest IP/Port : 192.168.249.187/1039
VPN-Instance/VLAN ID/VLL ID:
Pro:UDP(17) App: DNS State: UDP-READY
Start time: 2022-07-27 09:13:38 TTL: 54s
Root Zone(in): Trust
Zone(out): Untrust
Received packet(s)(Init): 3 packet(s) 183 byte(s)
Received packet(s)(Reply): 3 packet(s) 326 byte(s)
```

四、任务小结

本任务启用 ALG 功能,与 NAT 结合,达到公网用户通过域名访问位于私网的服务器的目的。

【思考拓展】

使用安全设备完成任务一并验证成功。

【证赛精华】

本项目涉及 H3CNE-Security 认证考试(GB0-510)和全国职业院校技能大赛(信息安全管理与评估)的相关要求:

(1)认证考试点:网络地址转换技术。

内容包括动态 NAT、内部服务器、NAT ALG 功能。

(2)竞赛知识点与技能点:网络安全设备配置与防护——访问控制。

ALG 功能可以使多种应用层协议穿越防火墙,掌握它可以更好地实现访问控制。

项目评价

评价维度	评价标准/内容	分值/分	自评(20%)/分	互评(20%)（各成员计算平均分）成员1/分	成员2/分	成员3/分	平均分/分	师评(60%)/分	得分/分
知识	a. 对 DNS Server 在公网时,NAT 的配置方法的理解以及线上平台测验完成情况	15							
	b. 对 FTP 服务器在内网时,ALG 的转换过程的理解以及线上平台测验完成情况	15							
技能	a. 能够配置 DNS 服务器	10							
	b. 能够配置 FTP 服务器	10							
	c. 配置 ALG 功能,让私网用户能访问私网的 FTP 服务器	10							
	d. 能够通过动态域名解析功能,让私网用户通过域名访问私网的 FTP 服务器	10							
	e. 能够让公网用户通过域名访问私网的 FTP 服务器	10							
自评素养	a. 已提升个人信息保护意识	2		/	/	/	/	/	
	b. 已提升法律意识	1		/	/	/	/	/	
	c. 已提升规范意识	1		/	/	/	/	/	
互评素养	a. 踊跃参与,表现积极	1	/					/	
	b. 经常鼓励/督促小组其他成员积极参与协作	1	/					/	
	c. 能够按时完成工作和学习任务	1	/					/	
	d. 对小组贡献突出	1	/					/	
师评素养	a. 积极主动参加教学活动	6	/	/	/	/	/		
	b. 见解和问题有独创性和挑战性	3	/	/	/	/	/		
	c. 遵守操作规范	3	/	/	/	/	/		
综合得分									

续表

问题分析和总结	
学习体会	

组　号		姓　名		教师签名	

项目16

配置IPSec与NAT组合应用典型案例

践行民族企业担当，加强科技自立自强

当下，中国的网络安全建设已经上升到国家战略高度。习近平总书记曾表示，网络安全和信息化是事关国家安全和国家发展、事关广大人民群众工作生活的重大战略问题，要从国际国内大势出发，总体布局，统筹各方，创新发展，努力把我国建设成为网络强国。

奇安信科技集团股份有限公司（以下简称"奇安信"）连续三年位居"2023年中国网安产业竞争力50强"首位，奇安信董事长齐向东深耕网络安全数十载，牢记"一个初心"和"一个使命"——无论如何都要牢记科技强国的使命，不忘产业报国的初心。他谈到，科技创新自立自强关乎国家未来，未来全球科技发展的竞争会更加激烈，科技创新的路上一定荆棘丛生，要勇于当苦行僧，以苦为乐。

也正是带着这样的使命与初心，齐向东带领着奇安信一路为国家网络安全保驾护航。2022年北京冬奥会，奇安信成为网络安全服务与杀毒软件官方赞助商，是奥运历史上第一家网络安全官方赞助商。奇安信为北京冬奥会交上了一份令人满意的网络安保答卷。冬奥会期间，奇安信成功抵御了超过3.8亿次的攻击，创造了奥运网络安全"零事故"纪录，这也是奥运历史上首次实现网络安全"零事故"。

"从自己擅长的事、专业的事做起，深耕网络安全领域，推动我国网络安全走向更高水平，为数字经济和国家安全保驾护航。"齐向东说这是自己的使命，也是民营科创企业共同的使命。

学习目标

【知识目标】

(1) 了解IPSec与NAT组合应用的方式；

(2) 了解IPSec与NAT组合应用的配置方法。

【技能目标】

(1) 能够配置防火墙的IPSec功能；

(2) 能够配置防火墙的NAT功能；

(3) 能够实现IPSec，使不同的内部网络通过Internet相连。

【素质目标】

(1) 培养爱国主义情怀；

(2) 培养民族自豪感和科技强国思想；

(3) 培养精益求精的工匠精神；

(4) 培养不怕困难勇往直前的坚毅品格。

项目描述

公司内部网络 LAN 1 通过 Firewall A 与 Internet 相连。要求 LAN 1 的主机通过 IPSec 隧道访问位于 LAN 2 的服务器,采用地址池的方式在 Firewall A 上配置 NAT 转换,以节省公网地址,并且在 Firewall B 上配置 NAT 转换以隐藏内部服务器的地址(图 16.1)。

项目组网图

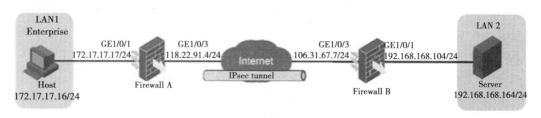

图 16.1

✺ 任务 1　配置 Firewall A

一、任务导入

让 Internet 上距离较远的内部网络互联,可以在网关配置 IPSec VPN 功能,采用加密方式让数据从隧道中通过。配置时需要配置两端的网关设备,我们首先配置图 16.1 左侧的防火墙。

本任务通过 H3C SecPath F1060 防火墙实现。

二、必备知识

1. NAT 的地址数量

NAT 设备拥有的公有 IP 地址数目要远少于内部网络的主机数目,因为所有内网主机并不会同时访问外网。公有 IP 地址数目的确定,应根据网络高峰期可能访问外网的内网主机数目的统计值来确定。

2. NAT 实现

由如图 16.2 所示的地址转换过程可见,当内部网络访问外部网络时,地址转换将会选择一个合适的外部地址来替代内部网络数据报文的源地址。在图 16.2 中是选择 NAT 设备出接口的 IP 地址(公网 IP 地址)。这样所有内部网络的主机访问外部网络时,只能拥有一个外部网络的 IP 地址,因此,这种情况只允许同时最多有一台内部网络主机访问外部网络。

当内部网络的多台主机并发的要求访问外部网络时,NAT 也可实现对并发性请求的响应,允许 NAT 设备拥有多个公有 IP 地址。当第一个内网主机访问外网时,NAT 选择一个公有地址 IP1,在地址转换表中添加记录并发送数据报;当另一内网主机访问外网时,NAT 选择另一个公有地址 IP2,以此类推,从而满足了多台内网主机访问外网的请求。

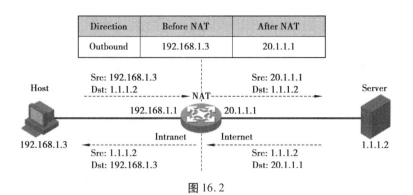

图 16.2

三、任务实施

1. 配置接口 GigaibtEthernet1/0/1 的 IP 地址

在上方导航栏中选择"网络→接口→接口",进入接口列表显示页面。单击接口 GE1/0/1 的编辑按钮 ✎,进入"修改接口配置"页面,进行如图 16.3 所示的配置。配置完成后单击"确定"按钮完成操作。

图 16.3

2. 配置接口 GigaibtEthernet1/0/3 的 IP 地址

在上方导航栏中选择"网络→接口→接口",进入接口列表显示页面。单击接口 GE1/0/3

的编辑按钮 ✐，进入"修改接口配置"页面。进行如图 16.4 所示的配置，配置完成后单击"确定"按钮完成操作。

图 16.4

3. 配置 NAT 转换使用的地址池

在上方导航栏中选择"对象→对象组→NAT 地址组"，如图 16.5 所示。

图 16.5

单击"新建"按钮,进入"新建 NAT 地址组"界面,单击地址组成员的"添加"按钮,进行如图 16.6 所示的配置。配置完成后单击"确定"按钮完成操作。

图 16.6

4. 配置用于 NAT 转换的 ACL 3100

在上方导航栏中选择"对象→ACL→IPv4",进入如图 16.7 所示的 ACL 显示页面。

⊕ 新建	✕ 删除				
☐ ACL分类	ACL	规则数量	规则匹配顺序	默认规则编号步长	描述

图 16.7

单击"新建"按钮,进入如图 16.8 所示的"新建 ACL"界面,新建一条 ACL。

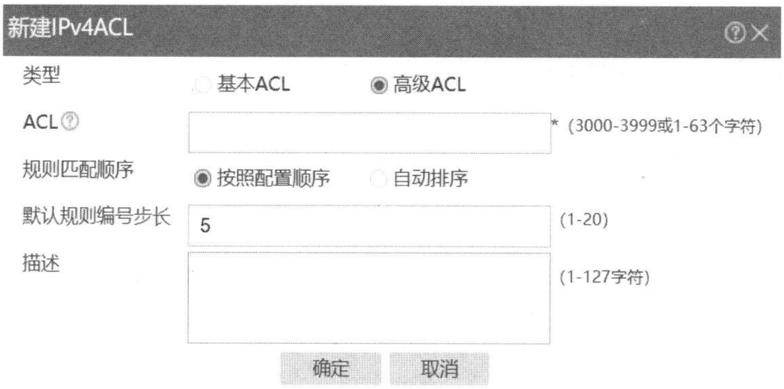

新建IPv4ACL

类型	○ 基本ACL	● 高级ACL
ACL ⑦	_____	* (3000-3999或1-63个字符)
规则匹配顺序	● 按照配置顺序	○ 自动排序
默认规则编号步长	5	(1-20)
描述	_____	(1-127字符)

确定　取消

图 16.8

单击"确定"按钮,进入如图 16.9 所示的"ACL 创建后的显示页面"。

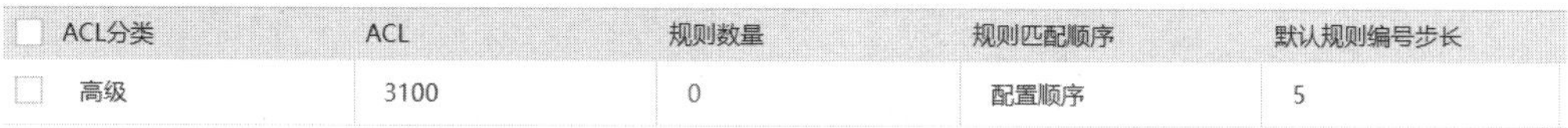

☐ ACL分类	ACL	规则数量	规则匹配顺序	默认规则编号步长
☐ 高级	3100	0	配置顺序	5

图 16.9

单击 ACL3100 对应的规则数量,进入如图 16.10 所示的"IPv4 ACL 规则(3100)"规则列表页面。

图 16.10

单击"新建"按钮,按照图 16.11 所示,添加 ACL 规则。

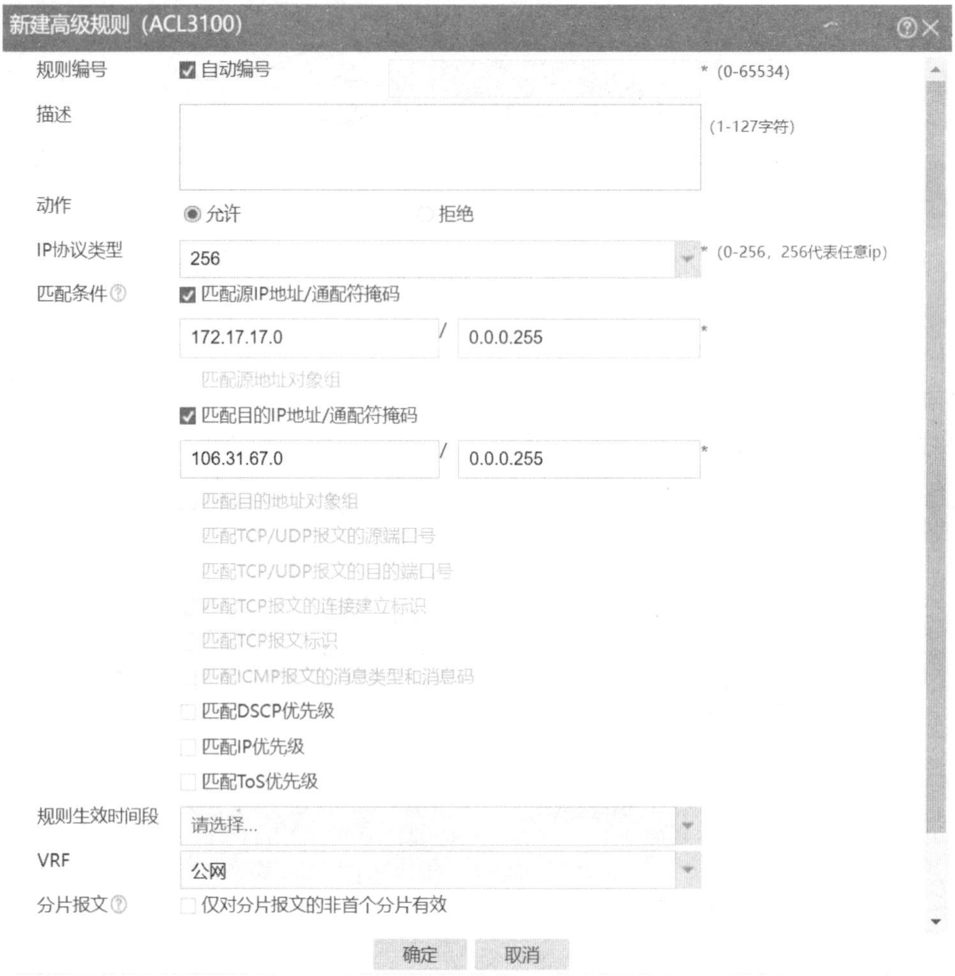

图 16.11

单击"确定"按钮,返回如图 16.12 所示的"高级 ACL 3100"规则列表页面。

规...	动作	协...	源地址	目的地址
0	允许	ip	172.17.17.0/0.0.0.255	106.31.67.0/0.0.0.255

图 16.12

5. 配置 IKE 安全提议

在左侧导航栏中选择"网络→VPN→IPSec→IKE 提议",进入如图 16.13 所示的 IKE 安全提议显示页面。

优先级	认证方式	认证算法	加密算法	DH	IKE SA 生存周期	编辑
Default	预共享密钥	SHA1	DES-CBC	DH group 1	86400	

图 16.13

单击"新建"按钮,新建一个 IKE 安全提议;进行如图 16.14 所示的配置,单击"确定"按钮完成操作。

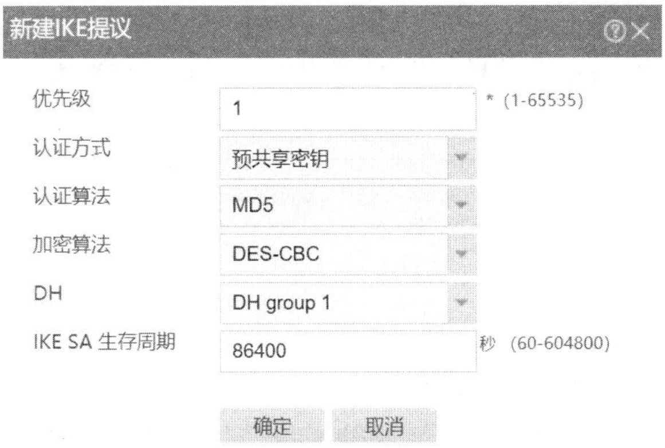

图 16.14

6. 配置 IKE 对等体

在上方导航栏中选择"网络→VPN→IPSec→策略配置",进入如图 16.15 所示的策略显示页面。

图 16.15

单击"新建"按钮,配置对等体地址,以及 IKE 提议;如图 16.16 所示配置,预共享密钥为 nat。

图 16.16

7. 配置 IPSec 安全提议

在"网络→VPN→IPSec→策略配置"中配置 IPSec 安全提议,如图 16.17 所示。

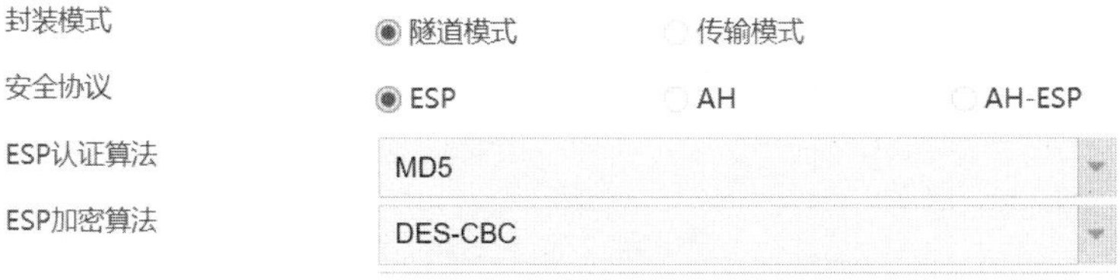

图 16.17

249

8. 配置 IPSec 策略

在"网络→VPN→IPSec→策略配置"中配置 IPSec 策略,如图 16.18 所示。

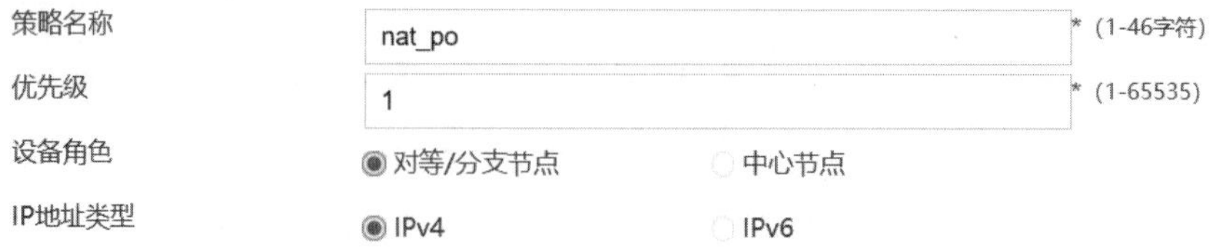

策略名称	nat_po	* (1-46字符)
优先级	1	* (1-65535)
设备角色	◉ 对等/分支节点	○ 中心节点
IP地址类型	◉ IPv4	○ IPv6

图 16.18

配置"保护数据流",如图 16.19 所示。

图 16.19

9. 在接口上应用 IPSec 策略

在"网络→VPN→IPSec→策略配置"中应用 IPSec 策略,如图 16.20 所示。单击"确定"按钮完成全部 IPSec 策略配置。

接口	GE1/0/3 ▾ * [配置]

图 16.20

10. 在接口上应用 NAT 地址池

在上方导航栏中选择"策略→接口 NAT→IPv4→NAT 动态转换",单击"NAT 出方向动态转换(基于 ACL)",进入如图 16.21 所示的 NAT 出方向动态转换(基于 ACL)页面。

图 16.21

单击页面中的"新建"按钮,进入"新建 NAT 出方向动态转换"页面;进行如图 16.22 所示的配置,配置完成后单击"确定"按钮完成操作。

图 16.22

四、任务小结

本任务采用 IPSec 的对等模式组网,将两个远程的局域网进行互联。由于网关位于内外网边界,因此需要采用 NAT 进行地址转换。

❀ 任务2　配置 Firewall B

一、任务陈述

当配置完成 Firewall A 后,我们将配置 Firewall B,以实现两端互联。
本任务通过 H3C SecPath F1060 防火墙实现。

二、必备知识

1. IPSec 的安全机制

IPSec 提供了两种安全机制:认证和加密。

认证机制使 IP 通信的数据接收方能够确认数据发送方的真实身份以及数据在传输过程中是否被篡改。

加密机制通过对数据进行加密运算来保证数据的机密性,以防数据在传输过程中被窃听。

2. 安全隧道

安全隧道是建立在本端和对端之间可以互通的一个通道,它由一对或多对 SA 组成。

3. IPSec 虚拟隧道接口

IPSec 虚拟隧道接口是一种支持路由的三层逻辑接口,它可以支持动态路由协议,所有路由到 IPSec 虚拟隧道接口的报文都将进行 IPSec 保护,同时还可以支持对组播流量的保护。

三、任务实施

1. 配置接口 GigaibtEthernet1/0/1 的 IP 地址

在上方导航栏中选择"网络→接口→接口",进入接口列表显示页面。单击接口 GE1/0/3 的编辑按钮📝,进入"修改接口配置"配置页面。进行如图 16.23 所示的配置,配置完成后单击"确定"按钮完成操作。

图 16.23

2. 配置接口 GigaibtEthernet1/0/3 的 IP 地址

在上方导航栏中选择"网络→接口→接口",进入接口列表显示页面。单击接口 GE1/0/3 的编辑按钮📝,进入"修改接口配置"配置页面。进行如图 16.24 所示的配置,配置完成后单击"确定"按钮完成操作。

3. 配置 IKE 安全提议

在上方导航栏中选择"网络→VPN→IPSec→IKE 提议",进入图 16.25 所示的 IKE 安全提议显示页面。

单击"新建"按钮,新建一个 IKE 安全提议;配置如图 16.26 所示,单击"确定"按钮完成操作。

4. 配置 IKE 对等体

在上方导航栏中选择"网络→VPN→IPSec→策略配置",进入如图 16.27 所示的策略显示页面。

图 16.24

图 16.25

图 16.26

图 16.27

单击"新建"按钮,配置对等体地址,以及 IKE 提议,进行如图 16.28 所示的配置,预共享密钥为 nat。

对端IP地址/主机名	106.31.67.7	* (1-253字符)
描述		(1-80字符)

IKE策略

协商模式	● 主模式	○ 野蛮模式	
认证方式	● 预共享密钥	○ 数字认证	
预共享密钥			* (1-128字符)
IKE提议 ⑦	1 (预共享密钥；MD5；DES-CBC；DH group 1)	▼	
本端ID	IPv4 地址 ▼	1.2.3.4	
对端ID	IPv4 地址 ▼	106.31.67.7	*

图 16.28

5. 配置 IPSec 安全提议

在"网络→VPN→IPSec→策略配置"中配置 IPSec 安全提议,如图 16.29 所示。

封装模式	● 隧道模式	○ 传输模式	
安全协议	● ESP	○ AH	○ AH-ESP
ESP认证算法	MD5 ▼		
ESP加密算法	DES-CBC ▼		

图 16.29

6. 配置 IPSec 策略

在"网络→VPN→IPSec→策略配置"中配置 IPSec 策略,如图 16.30 所示。

策略名称	nat_po	* (1-46字符)
优先级	1	* (1-65535)
设备角色	● 对等/分支节点	○ 中心节点
IP地址类型	● IPv4	○ IPv6

图 16.30

配置"保护数据流",如图 16.31 所示。

新建保护的数据流　　　　　　　　⑦×

VRF	公网 ▼
源IP地址 ⑦	106.31.67.0/24
目的IP地址 ⑦	118.22.91.0/24
协议	any ▼ (0-255)
动作	保护 ▼

确定　　取消

图 16.31

7. 在接口上应用 IPSec 策略

在"网络→VPN→IPSec→策略配置"中应用 IPSec 策略,如图 16.32 所示。单击"确定"按钮完成全部 IPSec 策略配置。

接口　　　　　　　　　　GE1/0/3　　　　　　　　　　　　▼ *　[配置]

图 16.32

8. 配置 NAT 服务器

在导航栏中选择"策略→接口→NAT→IPv4→NAT 内部服务器",单击"策略配置"中的"新建"按钮,配置 GE1/0/3 下的 NAT,如图 16.33 所示。

图 16.33

9. 验证配置

在 Firewall A 和 Firewall B 上均开启 NAT 报文调试开关。如图 16.34 所示,可以看到受保护的数据包字节数,即任务验证成功。

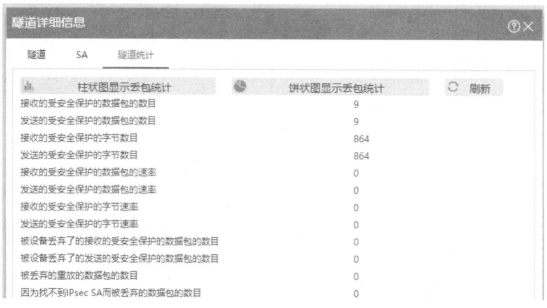

图 16.34

四、任务小结

本任务采用 IPSec 的对等模式组网,将两个远程的局域网进行互联。由于网关位于内外网边界,因此需要采用 NAT 进行地址转换。通过对两个网关的配置,最后验证能够进行加密通信。

【思考拓展】

> IPSec VPN 如何穿越 NAT?

【证赛精华】

> 本项目涉及 H3CNE-Security 认证考试(GB0-510)和全国职业院校技能大赛(信息安全管理与评估)的相关要求:
>
> (1)认证考试点。
> - 网络地址转换技术;
> - VPN 原理及配置——IPSec VPN。
>
> 重点掌握 IPSec VPN 穿越 NAT 的配置方法。
>
> (2)竞赛知识点与技能点:网络安全设备配置与防护——访问控制。
>
> 掌握 IKE、PKI、加密算法以及 IPSec VPN 配置等技能。

项目评价

评价维度	评价标准/内容	分值/分	自评(20%)/分	互评(20%)（各成员计算平均分）				师评(60%)/分	得分/分
				成员1/分	成员2/分	成员3/分	平均分/分		
知识	a. 对 IPSec 与 NAT 组合应用方式的理解以及线上平台测验完成情况	15							
	b. 对 IPSec 与 NAT 组合应用的配置方法的理解以及线上平台测验完成情况	15							
技能	a. 能够配置防火墙的 IPSec 功能	10							
	b. 能够配置防火墙的 NAT 功能	20							
	c. 能够实现 IPSec,使不同的内部网络通过 Internet 相连	20							
自评素养	a. 已提升爱国主义情怀和民族自豪感	2		/	/	/	/	/	
	b. 已理解精益求精的工匠精神	1		/	/	/	/	/	
	c. 受到不怕困难勇往直前的坚毅品格的鼓舞	1		/	/	/	/	/	
互评素养	a. 踊跃参与,表现积极	1	/					/	
	b. 经常鼓励/督促小组其他成员积极参与协作	1	/					/	
	c. 能够按时完成工作和学习任务	1	/					/	
	d. 对小组贡献突出	1	/					/	
师评素养	a. 积极主动参加教学活动	6	/	/	/	/	/		
	b. 具有网络安全意识	3	/	/	/	/	/		
	c. 遵守操作规范	3	/	/	/	/	/		
综合得分									

续表

问题分析和总结	
学习体会	

组　号		姓　名		教师签名	

项目 17

配置GRE over IPSec虚拟防火墙典型案例

隐秘的印记——跨媒介隐形水印技术

2022 年,某地在防疫工作期间,因相关人员擅自用手机拍照,泄露疫情防控工作信息,造成严重不良影响。事实上信息泄露大多数源于内部,而对终端屏幕的截图、拍照、录像是泄露内部敏感信息的常用手段,并且在机密信息泄露后极难定位泄密源头,追溯泄密事件。

由中科大教授创建的合肥高维数据技术有限公司致力于解决显示屏和纸质文印的拍照泄露等痛点问题,通过多年信息隐藏技术积累,形成跨媒介隐形水印技术,具备极佳的鲁棒性以及溯源成功率。隐形水印肉眼不可见,当敏感内容发生泄露时,可以从中提取出水印信息,可针对台式机、笔记本、显示大屏、曲面屏、斜角度拍摄、鱼眼相机拍摄、多次翻拍、远距离、部分屏、二次擦拭、图片压缩裁剪等多种环境进行溯源取证。不仅能够解决终端屏幕拍摄、截图等违规分享泄密的溯源取证难题,同时起到极大威慑作用,规范内部员工保密行为,增强内部人员的安全意识,帮助用户完善信息安全管理闭环。

合肥高维数据技术有限公司是首批安徽省新型研发机构,并与中国科学技术大学网络空间安全学院建立了联合实验室,先后申请国内外发明专利30 余项(已授权 10 余项)、软件著作权 30 余项。

学习目标

【知识目标】

(1)了解 GRE over IPSec 的配置方式;

(2)了解 GRE over IPSec 的配置方法。

【技能目标】

(1)能够配置防火墙的 GRE over IPSec 功能;

(2)能够通过 IPSec 对 GRE 隧道进行加密保护。

【素质目标】

(1)培养爱国主义情怀;

(2)培养民族自豪感和科技创新意识;

(3)培养和提高国家安全意识和忧患意识。

项目描述

公司内部网络 LAN 1 通过 Firewall A 与 Internet 相连。要求 LAN 1 的主机通过 GRE over IPSec 隧道访问位于 LAN 2。

项目组网图

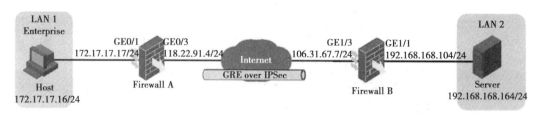

图 17.1

任务 1　配置 Firewall A

一、任务导入

GRE 可以封装组播数据并在 GRE 隧道中传输。而 IPSec 目前只能对单播数据进行加密保护,因此对于诸如路由协议、语音、视频等组播数据需在 IPSec 隧道中传输的情况,可以通过建立 GRE 隧道,并对组播数据进行 GRE 封装,然后对封装后的报文进行 IPSec 的加密处理,就实现了组播数据在 IPSec 隧道中的加密传输。在如图 17.1 所示的组网图中,我们首先对 FirewallA 进行配置。

本任务通过 H3C SecPath F1060 防火墙实现。

二、必备知识

1. GRE-IPSec 隧道应用

GRE 可以和 IPSec 结合使用,如图 17.2 所示,对路由协议、语音、视频等数据先进行 GRE 封装,再对封装后的报文进行 IPSec 的加密处理,以提高数据在隧道中传输的安全性。

图 17.2

2. IPSec VPN 的组网模式

IPSec VPN 的组网模式有两种:中心—分支模式和对等模式。

● 中心—分支模式应用在一对多网络中,如图 17.3 所示。中心—分支模式的网络采用 Aggressive 模式进行 IKE 协商,可以使用安全网关名称或 IP 地址作为本端 ID。在中心—分支模式的网络中,中心节点不会发起 IPSec 安全联盟的协商,需要由分支节点首先向中心节点发起 IPSec 安全联盟的协商。

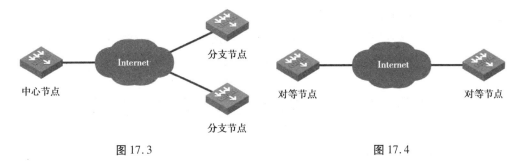

图 17.3   图 17.4

• 对等模式应用在一对一网络中,如图 17.4 所示。对等模式的网络采用 Main 模式进行 IKE 协商,只能使用 IP 地址作为本端 ID。在对等模式的网络中,两端的设备互为对等节点,都可以向对端发起 IPSec 安全联盟的协商。

三、任务实施

1. 配置接口 GigaibtEthernet1/0/1 的 IP 地址

在上方导航栏中选择"网络→接口→接口",进入接口列表显示页面。单击接口 GE1/0/1 的编辑按钮✏,进入"修改接口设置"配置页面。按图 17.5 所示进行配置,然后单击"确定"按钮完成操作。

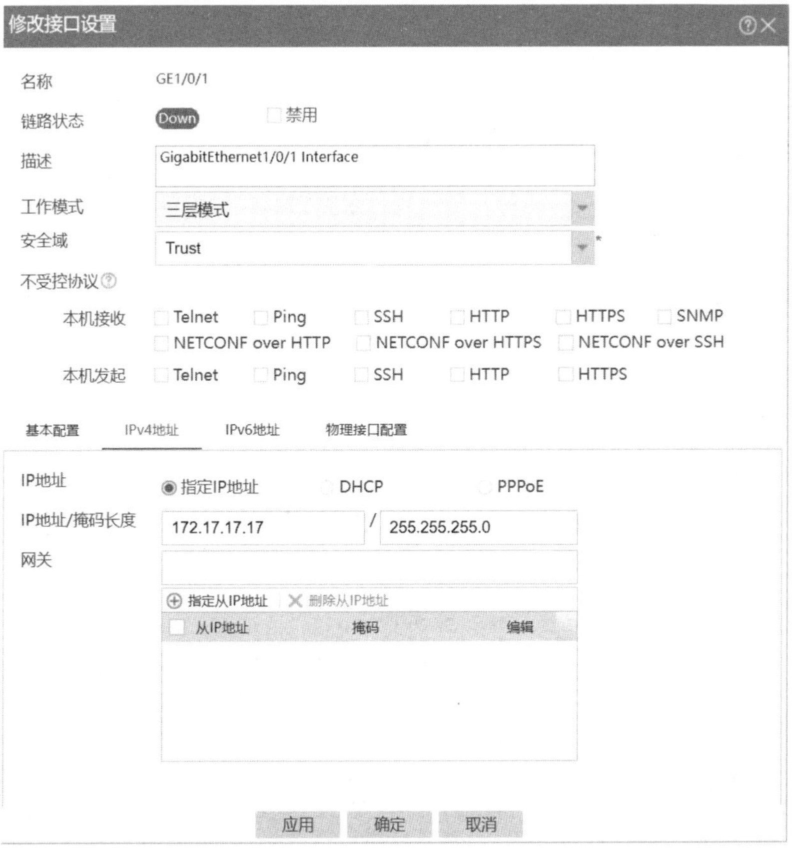

修改接口设置   ⑦ ×

名称	GE1/0/1
链路状态	Down □禁用
描述	GigabitEthernet1/0/1 Interface
工作模式	三层模式 ▼
安全域	Trust ▼ *

不受控协议 ⑦

本机接收 □Telnet □Ping □SSH □HTTP □HTTPS □SNMP
□NETCONF over HTTP □NETCONF over HTTPS □NETCONF over SSH

本机发起 □Telnet □Ping □SSH □HTTP □HTTPS

基本配置 IPv4地址 IPv6地址 物理接口配置

IP地址	◉指定IP地址 ○DHCP ○PPPoE
IP地址/掩码长度	172.17.17.17 / 255.255.255.0
网关	

⊕ 指定从IP地址 × 删除从IP地址

□ 从IP地址	掩码	编辑

应用   确定   取消

图 17.5

261

2. 配置接口 GigaibtEthernet1/0/3 的 IP 地址

在上方导航栏中选择"网络→接口→接口",进入接口列表显示页面。单击接口 GE1/0/3 的编辑按钮✏,进入"修改接口设置"配置页面。按图 17.6 所示进行配置,然后单击"确定"按钮完成操作。

修改接口设置

名称	GE1/0/3
链路状态	Down ☐禁用
描述	GigabitEthernet1/0/3 Interface
工作模式	三层模式
安全域	Untrust *

不受控协议 ⑦

本机接收　☐Telnet　☐Ping　☐SSH　☐HTTP　☐HTTPS　☐SNMP
　　　　　☐NETCONF over HTTP　☐NETCONF over HTTPS　☐NETCONF over SSH
本机发起　☐Telnet　☐Ping　☐SSH　☐HTTP　☐HTTPS

基本配置　IPv4地址　IPv6地址　物理接口配置

IP地址	◉指定IP地址　　☐DHCP　　☐PPPoE
IP地址/掩码长度	118.22.91.4 / 255.255.255.0
网关	

⊕ 指定从IP地址　✕ 删除从IP地址

☐ 从IP地址　　掩码　　编辑

应用　确定　取消

图 17.6

3. 配置 IKE 安全提议

在上方导航栏中选择"网络→VPN→IPSec→IKE 提议",进入如图 17.7 所示的 IKE 安全提议显示页面。

⊕ 新建　✕ 删除　　　　　　　　　　　　　　　　　　请输入要查询的信息　Q 查询　🔍 高级查询

☐	优先级	认证方式	认证算法	加密算法	DH	IKE SA 生存周期	编辑
☐	Default	预共享密钥	SHA1	DES_CBC	DH group 1	86400	

图 17.7

单击"新建"按钮,新建一个 IKE 安全提议。按图 17.8 所示进行配置,然后单击"确定"按钮完成操作。

4. 配置 IKE 对等体

在上方导航栏中选择"网络→VPN→IPSec→策略配置",进入如图 17.9 所示的策略显示页面。

新建IKE提议　　　　　　　　　　　　　　　　⑦×

优先级	1	* (1-65535)
认证方式	预共享密钥 ▼	
认证算法	MD5 ▼	
加密算法	DES-CBC ▼	
DH	DH group 1 ▼	
IKE SA 生存周期	86400	秒　(60-604800)

确定　　取消

图 17.8

⊕ 新建　✕ 删除　⟳ 刷新　　　　　　　　　　　　　　　　　　　　　　请输入要查询的信息　Q 查询　🔍 高级查询

☐ 策略名称_优先级　设备角色　　　　　IP地址类型　应用策略接口　　　本端IP地址　　　对端IP地址/主机名　智能选路链路状态　　编辑

图 17.9

单击"新建"按钮,配置对等体地址,以及 IKE 提议;按图 17.10 所示进行配置,预共享密钥为 nat。

| 对端IP地址/主机名 | 106.31.37.7 | * (1-253字符) |
| 描述 | | (1-80字符) |

IKE策略

协商模式	◉ 主模式　　　　○ 野蛮模式
认证方式	◉ 预共享密钥　　　○ 数字认证
预共享密钥	•••	* (1-128字符)
IKE提议⑦	1 (预共享密钥 ; MD5 ; DES-CBC ; DH group 1) ▼
本端ID	IPv4 地址 ▼　1.2.3.4
对端ID	IPv4 地址 ▼　106.31.37.7　*

图 17.10

5. 配置 IPSec 安全提议

继续在"网络→VPN→IPSec→策略配置"中配置 IPSec 安全提议,如图 17.11 所示。

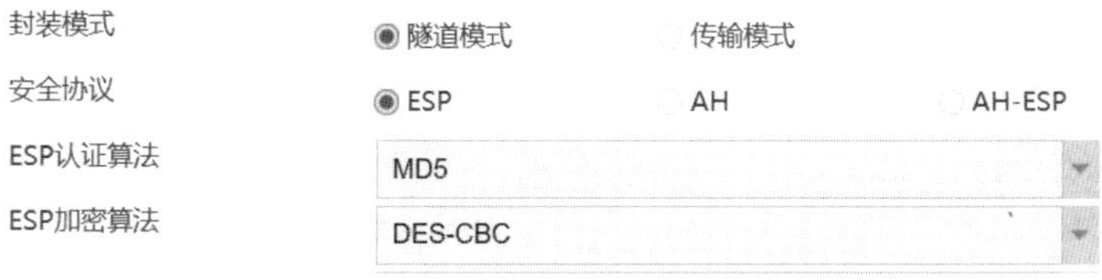

封装模式	◉ 隧道模式　　　　○ 传输模式	
安全协议	◉ ESP　　　　○ AH　　　　○ AH-ESP	
ESP认证算法	MD5 ▼	
ESP加密算法	DES-CBC ▼	

图 17.11

6. 配置 IPSec 策略

继续在"网络→VPN→IPSec→策略配置"中配置 IPSec 策略,如图 17.12 所示。
配置"保护数据流",GRE 协议号为 47,如图 17.13 所示。

图 17.12

图 17.13

7. 在接口上应用 IPSec 策略

继续在"网络→VPN→IPSec→策略配置"中应用 IPSec 策略,如图 17.14 所示;点击"确定"按钮完成全部 IPSec 策略配置。

图 17.14

8. 配置 GRE 隧道

在上方导航栏中选择"网络→VPN→GRE",单击"新建"创建 GER 隧道,如图 17.15 所示。

图 17.15

9. 配置访问 LAN2 的路由

在上方导航栏中选择"网络→路由→静态路由",单击"新建"添加静态路由,如图 17.16 所示。

图 17.16

四、任务小结

完成对 Firewall A 的功能配置,即在 Firewall A 上配置了 GRE Tunnel1 接口,也进行了 IP-Sec 策略的配置,并启用到 Firewall A 的 GigabitEthernet1/0/3 上。

⊛ **任务** 2　**配置** Firewall B

一、任务陈述

当 Firewall A 配置完成后,我们将配置 Firewall B,实现两端互联。

本任务通过 H3C SecPath F1060 防火墙实现。

二、必备知识

1. IPSec 的安全机制

IPSec 提供了两种安全机制:认证和加密。

认证机制使 IP 通信的数据接收方能够确认数据发送方的真实身份以及数据在传输过程中是否遭篡改。

加密机制通过对数据进行加密运算来保证数据的机密性,以防数据在传输过程中被窃听。

2. 安全隧道

安全隧道是建立在本端和对端之间可以互通的一个通道,它由一对或多对 SA 组成。

3. IPSec 虚拟隧道接口

IPSec 虚拟隧道接口是一种支持路由的三层逻辑接口,它可以支持动态路由协议,所有路由到 IPSec 虚拟隧道接口的报文都将进行 IPSec 保护,同时还可以支持对组播流量的保护。

三、任务实施

1. 配置接口 GigaibtEthernet1/0/1 的 IP 地址

在上方导航栏中选择"网络→接口→接口",进入接口列表显示页面。单击接口 GE1/0/1 的编辑按钮✐,进入"修改接口设置"配置页面。按图 17.17 所示进行配置,然后单击"确定"按钮完成操作。

图 17.17

2. 配置接口 GigaibtEthernet1/0/3 的 IP 地址

在上方导航栏中选择"网络→接口→接口",进入接口列表显示页面。单击接口 GE1/0/3 的编辑按钮✐,进入"修改接口设置"配置页面。按图 17.18 所示进行配置,然后单击"确定"按钮完成操作。

3. 配置 IKE 安全提议

在上方导航栏中选择"网络→VPN→IPSec→IKE 提议",进入如图 17.19 所示的 IKE 安全提议显示页面。

修改接口设置　　　　　　　　　　　　　⑦×

名称　　　　　GE1/0/3

链路状态　　　Down　　　☐禁用

描述　　　　　GigabitEthernet1/0/3 Interface

工作模式　　　三层模式　　　　　　　　　　　▼

安全域　　　　Untrust　　　　　　　　　　　▼ *

不受控协议 ⑦

　　　本机接收　☐ Telnet　　☐ Ping　　☐ SSH　　　☐ HTTP　　　☐ HTTPS　　☐ SNMP
　　　　　　　　☐ NETCONF over HTTP　　☐ NETCONF over HTTPS　☐ NETCONF over SSH

　　　本机发起　☐ Telnet　　☐ Ping　　☐ SSH　　　☐ HTTP　　　☐ HTTPS

基本配置　　**IPv4地址**　　IPv6地址　　　物理接口配置

IP地址　　　　　◉ 指定IP地址　　　☐ DHCP　　　　　☐ PPPoE

IP地址/掩码长度　106.31.67.7　　　　　/　　255.255.255.0

网关

　　⊕ 指定从IP地址　　✕ 删除从IP地址

　　☐　从IP地址　　　　　掩码　　　　　　编辑

　　　　　　　应用　　　确定　　　取消

图 17.18

⊕ 新建　✕ 删除　　　　　　　　　　　　　　　　　　　　请输入要查询的信息　🔍 查询　🔍 高级查询

☐	优先级	认证方式	认证算法	加密算法	DH	IKE SA 生存周期	编辑
☐	Default	预共享密钥	SHA1	DES-CBC	DH group 1	86400	

图 17.19

单击"新建"按钮,新建一个 IKE 安全提议;按图 17.20 所示进行配置,然后单击"确定"按钮完成操作。

新建IKE提议　　　　　　　　　　　　　⑦×

优先级　　　　　　1　　　　　　　　　* (1-65535)

认证方式　　　　　预共享密钥　　　　　▼

认证算法　　　　　MD5　　　　　　　　▼

加密算法　　　　　DES-CBC　　　　　　▼

DH　　　　　　　DH group 1　　　　　▼

IKE SA 生存周期　86400　　　　　　　秒 (60-604800)

　　　　　　　确定　　　取消

图 17.20

4. 配置 IKE 对等体

在上方导航栏中选择"网络→VPN→IPSec→策略配置",进入如图 17.21 所示的策略显示页面。

⊕ 新建	✕ 删除	⟳ 刷新				请输入要查询的信息	Q 查询	高级查询
☐ 策略名称_优先级	设备角色	IP地址类型	应用策略接口	本端IP地址	对端IP地址/主机名	智能选路链路状态	编辑

图 17.21

单击"新建"按钮,配置对等体地址,以及 IKE 提议;按图 17.22 所示进行配置,预共享密钥为 nat。

| 对端IP地址/主机名 | 106.31.67.7 | * (1-253字符) |
| 描述 | | (1-80字符) |

IKE策略

协商模式	● 主模式	○ 野蛮模式
认证方式	● 预共享密钥	○ 数字认证
预共享密钥		* (1-128字符)
IKE提议 ?	1 (预共享密钥 ; MD5 ; DES-CBC ; DH group 1) ▾
本端ID	IPv4 地址 ▾ 1.2.3.4
对端ID	IPv4 地址 ▾ 106.31.67.7 *

图 17.22

5. 配置 IPSec 安全提议

继续在"网络→VPN→IPSec→策略配置"中配置 IPSec 安全提议,如图 17.23 所示。

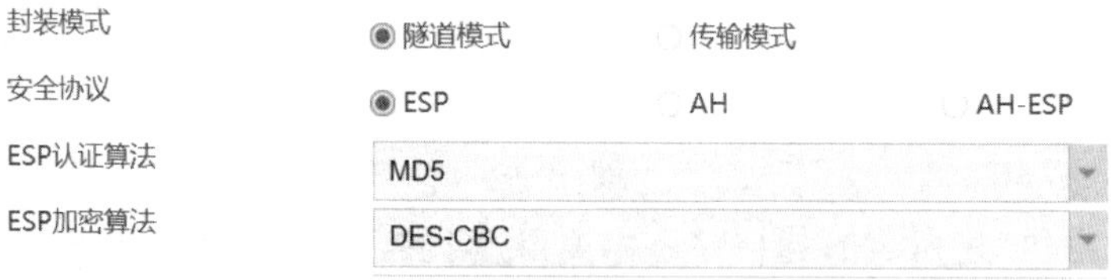

封装模式	● 隧道模式	○ 传输模式	
安全协议	● ESP	○ AH	○ AH-ESP
ESP认证算法	MD5 ▾
ESP加密算法	DES-CBC ▾

图 17.23

6. 配置 IPSec 策略

继续在"网络→VPN→IPSec→策略配置"中配置 IPSec 策略,如图 17.24 所示。

策略名称	gre_po	* (1-46字符)
优先级	1	* (1-65535)
设备角色	● 对等/分支节点	○ 中心节点
IP地址类型	● IPv4	○ IPv6

图 17.24

配置"保护数据流",GRE 协议号为 47,如图 17.25 所示。

图 17.25

7. 在接口上应用 IPSec 策略

继续在"网络→VPN→IPSec→策略配置"中应用 IPSec 策略,如图 17.26 所示。单击"确定"按钮完成全部 IPSec 策略配置。

图 17.26

8. 配置 GRE 隧道

在上方导航栏中选择"网络→VPN→GRE",单击"新建"创建 GER 隧道,如图 17.27 所示。

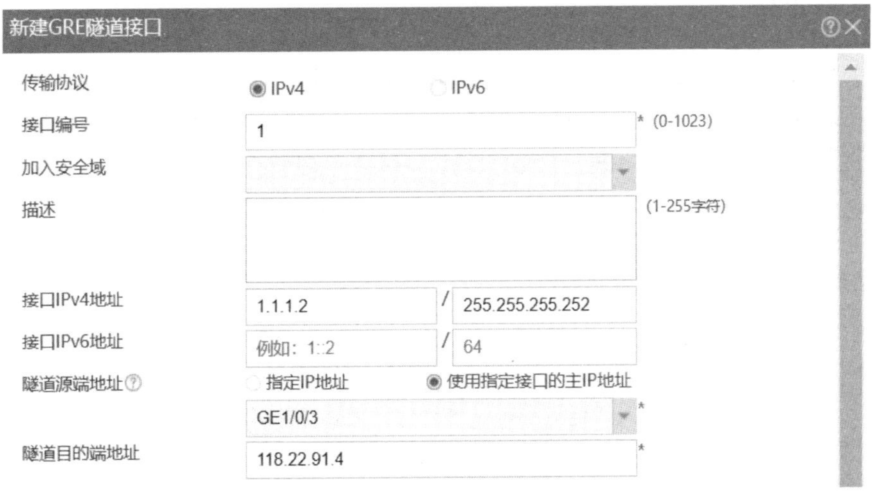

图 17.27

9. 配置访问 LAN 1 的路由

在上方导航栏中选择"网络→路由→静态路由",单击"新建"添加静态路由,如图 17.28 所示。

10. 验证配置

LAN 1 和 LAN 2 通过 GRE over IPSec 隧道,可以互通。

图 17. 28

四、任务小结

本任务完成对 Firewall B 的功能配置,即在 Firewall B 上配置了 GRE Tunnel 1 接口,也进行了 IPSec 策略的配置,并启用到 Firewall B 的 GigabitEthernet1/0/3 上。同时结合任务 1 对本项目进行验证,达到了预期结果。

【思考拓展】

使用命令行完成本案例配置。

【证赛精华】

本项目涉及 H3CNE-Security 认证考试(GB0-510)和全国职业院校技能大赛(信息安全管理与评估)的相关要求:

(1)认证考试点。

● VPN 原理及配置——GRE VPN;

● VPN 原理及配置——IPSec VPN。

内容包括如何利用两种 VPN 实现 GRE Over IPSec 功能。

(2)竞赛知识点与技能点:网络安全设备配置与防护——密码学和 VPN。

掌握配置 GRE 隧道以及 GRE Over IPSec 的技能。

✳ 项目评价

评价维度	评价标准/内容	分值/分	自评(20%)/分	互评(20%)（各成员计算平均分）				师评(60%)/分	得分/分
				成员1/分	成员2/分	成员3/分	平均分/分		
知识	a. 对 GRE-IPSec 的配置方式的理解以及线上平台测验完成情况	15							
	b. 对 GRE-IPSec 的配置方法的理解以及线上平台测验完成情况	15							
技能	a. 能够配置防火墙的 GRE over IPSec 功能	25							
	b. 能够通过 IPSec 对 GRE 隧道进行加密保护	25							
自评素养	a. 已提升爱国主义情怀	2		/	/	/	/	/	
	b. 已提升民族自豪感和科技创新意识	1		/	/	/	/	/	
	c. 已提升国家安全意识和忧患意识	1		/	/	/	/	/	
互评素养	a. 踊跃参与,表现积极	1	/					/	
	b. 经常鼓励/督促小组其他成员积极参与协作	1	/					/	
	c. 能够按时完成工作和学习任务	1	/					/	
	d. 对小组贡献突出	1	/					/	
师评素养	a. 积极主动参加教学活动	6	/	/	/	/	/		
	b. 具有分析问题和判断能力	3	/	/	/	/	/		
	c. 遵守操作规范	3	/	/	/	/	/		
综合得分									

续表

问题分析和总结	
学习体会	

组　号		姓　名		教师签名	

项目 18

配置L2TP over IPSec VPN应用典型案例

量子加密——高安全性的未来加密技术

密码是网络安全的核心技术和基础支撑。针对恶意监听、隐私窃取等事件，密码技术也在迭代升级。量子加密是一种利用量子力学原理保护通信安全的新型加密技术，相比传统加密技术，它具有极高的安全系数和独特的优势。

2022年8月26日，中国规模最大的量子城域网合肥量子城域网正式开通。合肥量子城域网包含8个核心网站点和159个接入网站点，光纤全长1 147 km，该网络应用了业界领先的"经典-量子波分复用技术"，可为近500家机构提供量子安全接入服务和数据传输加密服务，是中国规模最大、用户最多、应用最全的量子保密通信城域网。

未来，随着量子计算技术的不断发展，量子加密将会得到更广泛的应用，为保护数据安全做出更大的贡献。

学习目标

【知识目标】

(1) 了解 L2TP over IPSec VPN 的基本原理；

(2) 了解 L2TP over IPSec VPN 的配置方法。

【技能目标】

(1) 能够配置 L2TP over IPSec VPN 功能；

(2) 能够通过 L2TP over IPSec VPN 进行加密数据传送。

【素质目标】

(1) 培养爱国主义情怀；

(2) 培养民族自豪感和科技创新意识；

(3) 培养科技强国的责任感和使命感。

项目描述

如图 18.1 所示，某企业在总部机构的网络边界处部署了 FW 作为网关。总部的 FW 防火墙作为 LNS，企业出差员工可以使用 PC 自主拨号方式与 LNS 建立 L2TP VPN，来访问公司内网资源进行远程办公。

项目组网图

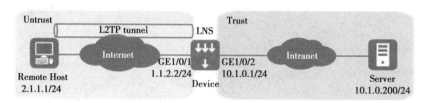

图 18.1

❋ 任务1 配置 L2TP LNS

一、任务导入

L2TP over IPSec,即先用 L2TP 封装报文再用 IPSec 封装,这样可以综合两种 VPN 的优势,通过 L2TP 实现用户验证和地址分配,并利用 IPSec 保障通信的安全性。

L2TP over IPSec 既可用于分支接入总部,也可用于出差员工接入总部。本项目属于后者。本任务需要完成网关 LNS 侧 L2TP 配置。

本任务通过 H3C SecPath F1060 防火墙实现。

二、必备知识

1. VPDN

VPDN(Virtual Private Dial-up Network,虚拟专用拨号网络)是指利用公共网络(如 ISDN 或 PSTN)的拨号功能接入公共网络,实现虚拟专用网,从而为企业、小型 ISP、移动办公人员等提供接入服务。

2. VPDN 类型

VPDN 隧道协议主要包括以下三种:

* PPTP(Point-to-Point Tunneling Protocol,点到点隧道协议);
* L2F(Layer 2 Forwarding,二层转发);
* L2TP(Layer 2 Tunneling Protocol,二层隧道协议)。

3. L2TP

L2TP 是为在用户和企业的服务器之间透明传输 PPP 报文而设置的隧道协议,结合了 L2F 和 PPTP 的优点,是目前使用最为广泛的 VPDN 隧道协议。

L2TP(RFC 2661)是一种对 PPP 链路层数据包进行封装,并通过隧道进行传输的技术。L2TP 允许连接用户的二层链路端点和 PPP 会话终点驻留在通过分组交换网络连接的不同设备上,从而扩展了 PPP 模型,使得 PPP 会话可以跨越分组交换网络,如 Internet。

4. L2TP 网络组件

构建的 VPDN 中,网络组件包括以下三个部分,如图 18.2 所示。

- 远端系统；
- LAC(L2TP Access Concentrator,L2TP 访问集中器)；
- LNS(L2TP Network Server,L2TP 网络服务器)。

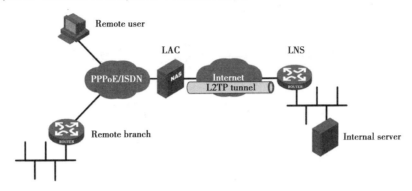

图 18.2

5. LAC

LAC 是指 L2TP 的访问集中器,具有 PPP 和 L2TP 协议处理能力的设备,通常是一个当地 ISP 的 NAS(Network Access Server,网络接入服务器),主要用于为 PPP 类型的用户提供接入服务。

LAC 作为 L2TP 隧道的端点,位于 LNS 和远端系统之间,用于在 LNS 和远端系统之间传递信息包。它把从远端系统收到的信息包按照 L2TP 协议进行封装并送往 LNS,同时也将从 LNS 收到的信息包进行解封装并送往远端系统。

VPDN 应用中,LAC 与远端系统之间通常采用 PPP 链路。

6. LNS

LNS 是指 L2TP 的网络服务器,既是 PPP 端系统,又是 L2TP 协议的服务器端,通常作为一个企业内部网的边缘设备。

LNS 作为 L2TP 隧道的另一侧端点,是 LAC 的对端设备,是 LAC 进行隧道传输的 PPP 会话的逻辑终止端点。通过在公网中建立 L2TP 隧道,将远端系统的 PPP 连接由原来的 NAS 在逻辑上延伸到了企业网内部的 LNS。

7. 三种典型的 L2TP 隧道模式

1) NAS-Intiated

如图 18.3 所示,由 LAC 端(指 NAS)发起 L2TP 隧道连接。远程系统的拨号用户通过 PPPoE/ISDN 拨入 LAC,由 LAC 通过 Internet 向 LNS 发起建立隧道连接请求。拨号用户的私网地址由 LNS 分配;对远程拨号用户的验证与计费既可由 LAC 侧代理完成,也可在 LNS 侧完成。

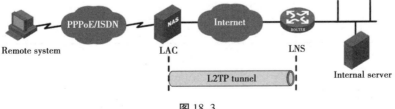

图 18.3

2）Client-Initiated

如图 18.4 所示，直接由 LAC 客户（指本地支持 L2TP 协议的用户）发起 L2TP 隧道连接。LAC 客户获得 Internet 访问权限后，可直接向 LNS 发起隧道连接请求，无须经过一个单独的 LAC 设备建立隧道。LAC 客户的私网地址由 LNS 分配。

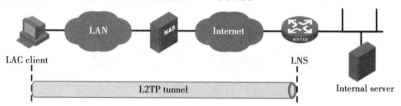

图 18.4

在 Client-Initiated 模式下，LAC 客户需要具有公网地址，能够直接通过 Internet 与 LNS 通信。

3）LAC-Auto-Initiated

采用 NAS-Intiated 方式建立 L2TP 隧道时，要求远端系统必须通过 PPPoE/ISDN 等拨号方式拨入 LAC，且只有远端系统拨入 LAC 后，才能触发 LAC 向 LNS 发起建立隧道连接的请求。

在 LAC-Auto-Initiated 模式下，如图 18.5 所示，LAC 上创建一个虚拟的 PPP 用户，执行 l2tp-auto-client enable 命令后，LAC 将自动向 LNS 发起建立隧道连接的请求，为该虚拟 PPP 用户建立 L2TP 隧道。远端系统访问 LNS 连接的内部网络时，LAC 将通过 L2TP 隧道转发这些访问数据。

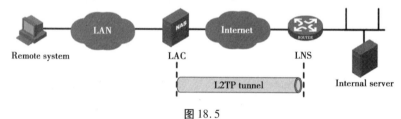

图 18.5

在该模式下，远端系统和 LAC 之间可以是任何基于 IP 的连接，不局限于拨号连接。

8. L2TP 隧道模式的典型配置项

L2TP 用户组的典型配置项详见表 18.1。

表 18.1

配置项	说　　明
L2TP 用户组名称	设置 L2TP 用户组的名称
对端隧道名称	设置隧道对端的名称接收到 LAC 发来的创建隧道请求后，LNS 需要检查 LAC 的名称是否与合法隧道对端名称相符合，从而决定是否允许隧道对方创建隧道
本段隧道名称	设置隧道本端的名称缺省情况下，隧道本端的名称为系统的名称

续表

配置项		说　明
隧道验证		设置是否在该组中启用 L2TP 隧道验证功能,当选择启用隧道验证时需要设置隧道验证密码,隧道验证请求可由 LAC 或 LNS 任何一侧发起。只要有一方启用了隧道验证,则只有在对端也启用了隧道验证,且两端密码完全一致并不为空的情况下,隧道才能建立;否则本端将自动将隧道连接断开。若隧道两端都配置了禁止隧道验证,隧道验证的密码一致与否将不起作用。
隧道验证密码		💡提示: ● 为了保证隧道安全,建议用户不要禁用隧道验证功能。如果为了进行网络连通性测试或者接收不知名对端发起的连接,也可不进行隧道验证; ● 如果要修改隧道验证密码,请在隧道完全拆除后进行,否则修改的密码不生效
PPP 认证配置	PPP 认证方式	设置本端对 PPP 用户进行身份认证的认证方式,包括 None、PAP 和 CHAP,None 表示不进行身份认证
	ISP 域名	设置用户进行身份认证时采用的 ISP 域的名称通过配置项后面的三个按钮,可以新建 ISP 域供选择;修改当前选中的 ISP 域的配置;或者删除当前选中的 ISP 域
PPP 地址配置	PPP Server 地址/掩码	设置本端的 IP 地址和掩码,即创建的虚拟模板接口的 IP 地址和掩码
	PPP Server 所属安全域	设置本端所属的安全域,即创建的虚拟模板接口所属的安全域。注意不能设置为 Management 安全域,否则无法建立 L2TP 隧道
	用户地址	设置本端为 PPP 用户分配地址所用的地址池或直接为 PPP 用户分配一个 IP 地址,可以直接输入为用户分配的 IP 地址,也可以选择一个地址池。通过配置项后面的三个按钮,可以新建地址池;修改当前选中的地址池;或者删除当前选中的地址池。 当需要对 PPP 用户进行身份认证时,用户地址选择 Auto Assigned 表示,按照编号从小到大依次使用相应 ISP 域下的地址池给用户分配 IP 地址
	强制分配地址	设置是否强制对端使用本端为其分配的 IP 地址,即不允许对端使用自行配置的 IP 地址

续表

配置项		说　明
高级	Hello 报文间隔	设置发送 Hello 报文的时间间隔是为了检测 LAC 和 LNS 之间隧道的连通性,LAC 和 LNS 会定期向对端发送 Hello 报文,接收方接收到 Hello 报文后会进行响应。当 LAC 或 LNS 在指定时间间隔内未收到对端的 Hello 响应报文时会重复发送,如果重复发送 3 次仍没有收到对端的响应信息则认为 L2TP 隧道已经断开,需要在 LAC 和 LNS 之间重新建立隧道连接。LNS 端可以配置与 LAC 端不同的 Hello 报文间隔
	AVP 数据隐藏	设置是否采用隐藏方式传输 AVP(Attribute Value Pair,属性值对)数据 L2TP 协议的一些参数是通过 AVP 数据来传输的,如果用户对这些数据的安全性要求高,可以将 AVP 数据的传输方式配置成为隐藏传输,即对 AVP 数据进行加密。该配置项对于 LNS 端无效(L2TP 不支持解析隐藏的 Challenge AVP 和 challenge response AVP 属性)
	流量控制	设置是否启用 L2TP 隧道流量控制功能 L2TP 隧道的流量控制功能应用在数据报文的接收与发送过程中。启用流量控制功能后,会对接收到的乱序报文进行缓存和调整
	强制本端 CHAP 认证	设置 LNS 侧的用户验证。 当 LAC 对用户进行认证后,为了增强安全性,LNS 可以再次对用户进行认证,只有两次认证全部成功后,L2TP 隧道才能建立。在 L2TP 组网中,LNS 侧的用户认证方式有三种:强制本端 CHAP 认证、强制 LCP 重协商和代理认证。 💡提示: ● 强制本端 CHAP 认证:启用此功能后,对于由 NAS 初始化(NAS-Initiated)隧道连接的 VPN 用户端来说,会经过两次认证。一次是用户端在接入服务器端的认证,另一次是用户端在 LNS 端的 CHAP 认证; ● 强制 LCP 重协商:对由 NAS 初始化隧道连接的 PPP 用户端,在 PPP 会话开始时,用户先和 NAS 进行 PPP 协商。若协商通过,则由 NAS 初始化 L2TP 隧道连接,并将用户信息传递给 LNS,由 LNS 根据收到的代理验证信息,判断用户是否合法。但在某些特定的情况下(如在 LNS 侧也要进行认证与计费),需要强制 LNS 与用户间重新进行 LCP 协商,此时将忽略 NAS 侧的代理认证信息; ● 代理认证:如果强制本端 CHAP 认证和强制 LCP 重协商功能都不启用,则 LNS 对用户进行的是代理认证。在这种情况下,LAC 将它从用得到的所有认证信息及 LAC 端本身配置的认证方式发送给 LNS; ● 三种认证方式中,强制 LCP 重协商的优先级最高,如果在 LNS 上同时启用强制 LCP 重协商和强制本端 CHAP 认证,L2TP 将使用强制 LCP 重协商,并采用 L2TP 用户组中配置的 PPP 认证方式;

续表

配置项		说　明
高级	强制本端CHAP认证	● 一些 PPP 用户端可能不支持进行第二次认证,这时,本端的 CHAP 认证会失败; ● 启用强制 LCP 重协商时,如果 L2TP 用户组中配置的 PPP 认证方式为不进行认证,则 LNS 将不对接入用户进行二次认证(这时用户只在 LAC 侧接受一次认证),直接将全局地址池的地址分配给 PPP 用户端; ● LNS 侧使用代理验证,且 LAC 发送给 LNS 的用户验证信息合法时,如果 L2TP 用户组配置的验证方式为 PAP,则代理验证成功,允许建立会话;如果 L2TP 用户组配置的验证方式为 CHAP,而 LAC 端配置的验证方式为 PAP,则由于 LNS 要求的 CHAP 验证级别高于 LAC 能够提供的 PAP 验证,代理验证失败,不允许建立会话

三、任务实施

1. 配置接口 IP 地址和安全域

步骤 1:选择"网络→接口→接口",进入接口配置页面。

步骤 2:单击接口 GE1/0/1 右侧的"编辑"按钮,参数配置如下:

● 安全域:Untrust。

● 选择"IPV4 地址"页签,配置 IP 地址/掩码:1.1.2.2/24。

● 其他配置项使用缺省值。

步骤 3:如图 18.6 所示,单击"确定"按钮,完成接口 IP 地址和安全域的配置。

步骤 4:如图 18.7 所示,单击接口 GE1/0/2 右侧的"编辑"按钮,参数配置如下:

● 安全域:Trust。

● 选择"IPV4 地址"页签,配置 IP 地址/掩码:10.1.0.1/24。

● 其他配置项使用缺省值。

步骤 5:单击"确定"按钮,完成接口 IP 地址和安全域的配置。

步骤 6:选择"网络→VPN→L2TP",单击 L2TP 页签,进入 L2TP 配置页面。

步骤 7:单击"新建"按钮,参数配置如图 18.8 所示。

步骤 8:选择"网络→安全域",单击 Untrust"编辑"按钮,进入修改安全域页面,将 L2TP 虚接口 VT1 加入 Untrust 安全域,参数配置如图 18.9 所示。

2. 配置路由

本任务仅以静态路由为例,若实际组网中需采用动态路由,请配置对应的动态路由协议。

步骤 1:选择"网络→路由→静态路由→IPv4 静态路由",单击"新建"按钮,进入新建 IPv4 静态路由页面。

步骤 2:如图 18.10 所示,新建 IPv4 静态路由,并进行如下配置:

● 目的 IP 地址:2.1.1.0。

● 掩码长度:24。

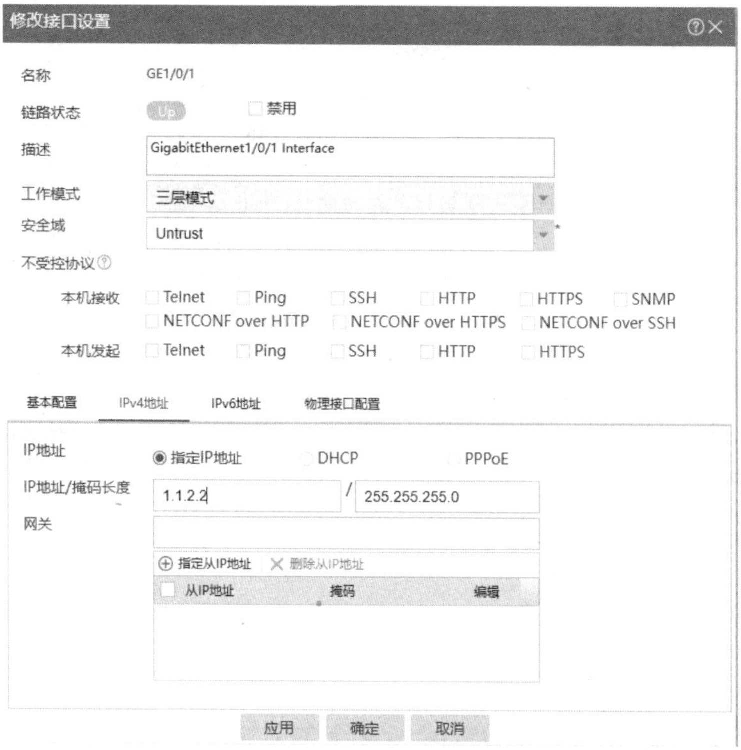
修改接口设置
名称
GE1/0/1
链路状态
Up
禁用
描述
GigabitEthernet1/0/1 Interface
工作模式
三层模式
安全域
Untrust
不受控协议
本机接收
Telnet
Ping
SSH
HTTP
HTTPS
SNMP
NETCONF over HTTP
NETCONF over HTTPS
NETCONF over SSH
本机发起
Telnet
Ping
SSH
HTTP
HTTPS
基本配置
IPv4地址
IPv6地址
物理接口配置
IP地址
指定IP地址
DHCP
PPPoE
IP地址/掩码长度
1.1.2.2
255.255.255.0
网关
指定从IP地址
删除从IP地址
从IP地址
掩码
编辑
应用
确定
取消

图 18.6

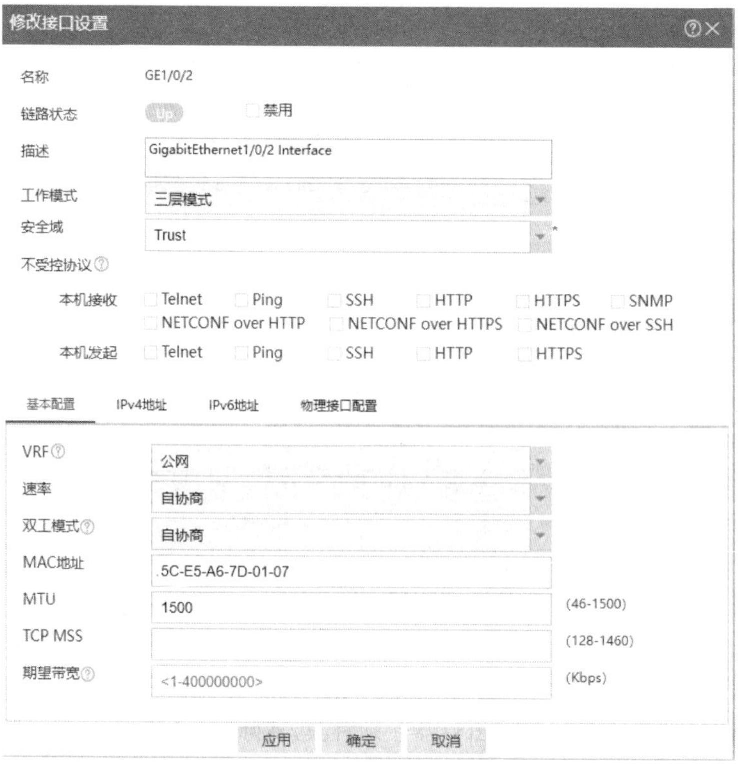
修改接口设置
名称
GE1/0/2
链路状态
Up
禁用
描述
GigabitEthernet1/0/2 Interface
工作模式
三层模式
安全域
Trust
不受控协议
本机接收
Telnet
Ping
SSH
HTTP
HTTPS
SNMP
NETCONF over HTTP
NETCONF over HTTPS
NETCONF over SSH
本机发起
Telnet
Ping
SSH
HTTP
HTTPS
基本配置
IPv4地址
IPv6地址
物理接口配置
VRF
公网
速率
自协商
双工模式
自协商
MAC地址
5C-E5-A6-7D-01-07
MTU
1500
(46-1500)
TCP MSS
(128-1460)
期望带宽
<1-400000000>
(Kbps)
应用
确定
取消

图 18.7

图 18.8

图 18.9

- 下一跳 IP 地址:1.1.2.1。
- 其他配置项使用缺省值。

步骤3:单击"确定"按钮,完成静态路由的配置。

图 18.10

3. 配置安全策略

步骤1:选择"策略→安全策略→安全策略",单击"新建"按钮,选择新建策略,进入新建安全策略页面。

步骤2:新建安全策略,并进行如下配置:

- 名称:untrust-local。
- 源安全域:Untrust。
- 目的安全域:Local。
- 类型:IPv4。
- 动作:允许。
- 服务:l2tp。
- 其他配置项使用缺省值。

步骤3:按照同样的步骤新建安全策略,配置如下:

- 名称:untrust-trust。
- 源安全域:Untrust。
- 目的安全域:Trust。
- 类型:IPv4。
- 动作:允许。
- 源 IPv4 地址:192.168.0.10—192.168.0.20。
- 目的 IPv4 地址:10.1.0.200。
- 其他配置项使用缺省值。

步骤 4：单击"确定"按钮，完成安全策略的配置。

4. 创建 L2TP 用户

选择"对象→用户→用户管理→本地用户"，单击"新建"按钮，创建 L2TP 用户，用户名为 l2tpuser，密码为 hello，服务类型为 PPP，参数配置如图 18.11 所示。

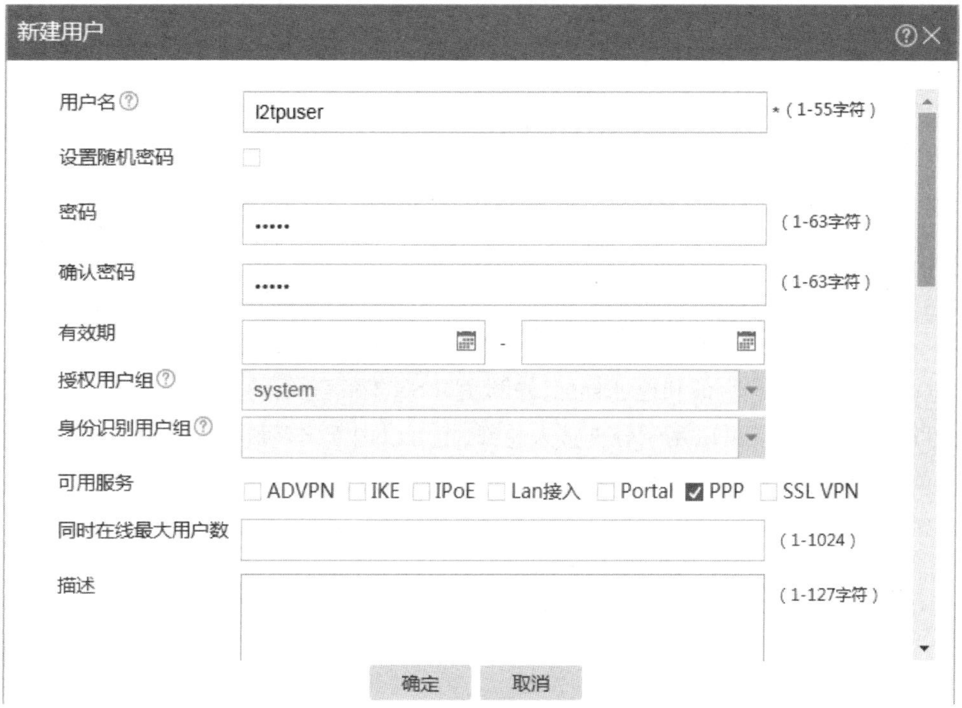

图 18.11

5. 开启 L2TP 功能

选择"网络→VPN→L2TP"，单击 L2TP 页签，进入 L2TP 配置页面，如图 18.12 所示，开启 L2TP 功能。

图 18.12

四、任务小结

本任务是 LNS 的配置。Internet 用户采用智能客户端向 LNS 发起 VPN 连接，VPN 接入采用 L2TP+IPSec 的方式，IPSec 密钥协商采用证书认证的方式；通过先配置 L2TP 功能，再配置 IPSec 安全策略应用到相应接口实现。

❋ 任务2　配置 IPSec

一、任务导入

L2TP over IPSec，即先用 L2TP 封装报文再用 IPSec 封装，这样可以综合两种 VPN 的优势，通过 L2TP 实现用户验证和地址分配，并利用 IPSec 保障通信的安全性。

L2TP over IPSec 既可以用于分支接入总部，也可以用于出差员工接入总部。本项目属于后者。在上一任务完成 LNS 配置启用 L2TP 功能后，本任务再完成 IPSec 相关功能的配置。

本任务通过 H3C SecPath F1060 防火墙实现。

二、必备知识

1. L2TP over IPSec 原理

L2TP over IPSec，类似于 GRE IPSec，都是先建立 IPSec 隧道，然后在 IPSec 建立的基础上，建立 L2TP 隧道，相关体系模式如图 18.13 所示。

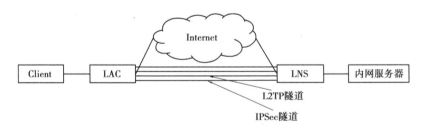

图 18.13

总部与分部网关已经建立了 L2TP 隧道，现在需要 L2TP 隧道之外再封装 IPSec 隧道，对总部和分布之间的通信进行加密保护。

2. L2TP over IPSec 传输模式报文封装

在传输模式中，AH 头或 ESP 头被插入到新的 IP 头和 UDP 头之间。传输模式不改变 L2TP 封装后的报文头，IPSec 隧道的源目 IP 地址就是 L2TP 封装后的源目 IP 地址。L2TP over IPSec 报文封装方式区别如图 18.14—图 18.18 所示。

L2TP IP 头
L2TP UDP 头部
L2TP 头
PPP 头
原始 IP 头
原始 TCP 头
数据

图 18.15

原始 IP 头
原始 TCP 头
数据

图 18.14

L2TP IP 头
AH 头
L2TP UDP 头部
L2TP 头
PPP 头
原始 IP 头
原始 TCP 头
数据

图 18.16

L2TP IP 头
ESP 头
L2TP UDP 头部
L2TP 头
PPP 头
原始 IP 头
原始 TCP 头
数据
ESP 尾

图 18.17

L2TP IP 头
AH 头
ESP 头
L2TP UDP 头部
L2TP 头
PPP 头
原始 IP 头
原始 TCP 头
数据
ESP 尾

图 18.18

3. L2TP over IPSec 隧道模式报文封装

在隧道模式中,AH 头或 ESP 头被插入到新的 IP 头之前,另外再生成一个新的报文头部放到 AH 头部或 ESP 头部之前。三种封装方式区别如图 18.19—图 18.20 所示。

IPSEC IP 头部
AH 头
L2TP IP 头
L2TP UDP 头部
L2TP 头
PPP 头
原始 IP 头
原始 TCP 头
数据

图 18.19

IPSEC IP 头部
ESP 头
L2TP IP 头
L2TP UDP 头部
L2TP 头
PPP 头
原始 IP 头
原始 TCP 头
数据
ESP 尾

图 18.20

三、任务实施

1. 新建 IKE 提议

步骤 1:选择"网络→VPN→IPSec→IKE 提议",进入 IKE 提议页面。

步骤 2:单击"新建"按钮,进入新建 IKE 提议页面,如图 18.21 所示,进行如下操作:

- 设置优先级为 1。
- 选择认证方式为预共享密钥。
- 设置认证算法为 SHA256。
- 设置加密算法为 AES-CBC-128。
- 其他配置均使用缺省值。

步骤 3：单击"确定"按钮，完成新建 IKE 提议配置。

图 18.21

2. 配置 IPSec 策略

步骤 1：选择"网络→VPN→IPSec→策略"，进入 IPSec 策略配置页面。

步骤 2：单击"新建"按钮，进入新建 IPSec 策略页面，如图 18.22 所示。在基本配置区域进行如下配置：

图 18.22

- 设置策略名称为 policy1。
- 设置优先级为 1。
- 选择设备角色为中心节点。
- 选择 IP 地址类型为 IPv4。
- 选择接口 GE1/0/1。

● 设置本端地址为 1.1.2.2。

步骤 3：如图 18.23 所示，在 IKE 策略区域进行如下配置：

图 18.23

● 选择协商模式为主模式。

● 选择认证方式为预共享密钥(h3cvpn.com)。

● 输入预共享密钥，并通过再次输入进行确认。

● 选择 IKE 提议为 1(预共享密钥；SHA256；AES-CBC-128；DH group 1)。

● 设置本端 ID 为 IPv4 地址 1.1.2.2。

步骤 4：如图 18.24 所示，在 IPSec 参数区域进行如下配置：

图 18.24

● 选择封装模式为传输模式。

● 选择安全协议为 ESP。

● 选择 ESP 认证算法为默认 SHA1。

● 选择 ESP 加密算法为 AES-CBC-128。

步骤 5：勾选自动生成安全策略，并设置源安全域为 Untrust，其余保存默认，如图 18.25 所示。

步骤 6：单击"确定"完成安全 IPSec 策略参数创建。

自动生成安全策略　　☑

配置对端访问的安全策略

名称　　　　　IPsec_policy1_1_20230816155735_IN

源安全域　　　Untrust　　　　　　　　▼　[多选]

目的安全域　　Local　　　　　　　　　▼　[多选]

源地址对象组　Any　　　　　　　　　　▼　[多选]

目的地址对象组　Any　　　　　　　　　▼　[多选]

服务　　　　　ike, nat-t-ipsec, ipsec-ah, ipsec-esp　▼　[多选]

确定　取消

图 18.25

四、任务小结

本任务是 IPSec 参数相关配置。Internet 用户采用智能客户端向 LNS 发起 VPN 连接，VPN 接入采用 L2TP+IPSec 的方式，IPSec 密钥协商采用证书认证的方式；完成 L2TP 功能配置后，再配置 IPSec 安全策略应用到相应接口实现相关业务流量加密访问。

✸ 任务3　配置 Host

一、任务导入

要远程访问内网资源，还需对远程主机 host 进行配置，安装证书并配置客户端的 VPN 高级连接属性。

本任务需要 PC 机连接 H3C SecPath F1060 防火墙实现。

二、必备知识

1. 服务器证书

服务器证书是 SSL 数字证书的一种形式，意指通过提交数字证书来证明身份或表明有权访问在线服务。简单来说，通过使用服务器证书可为不同站点提供身份鉴定并保证该站点拥有高强度加密安全。

并不是所有网站都需要添加服务器证书，但强烈建议只要是与用户、服务器进行交互联结操作，以及涉及密码、隐私等内容的网站页面，都申请服务器安全认证证书。

2. 客户端证书

客户端证书是 SSL 数字证书的一种形式，SSL 证书遵守 SSL 协议，由受信任的数字证书颁发机构 CA，在验证服务器身份后颁发，具有服务器身份验证和数据传输加密功能。

3. VPN 客户端两种工作模式

L2TP：VPN 客户端同时作为 L2TP 协议的 LAC 和 PPP 用户，通过 L2TP 协议和中心网关建立 L2TP 隧道。

L2TP over IPSec：VPN 客户端首先和中心网关建立 IPSec 隧道，然后在 IPSec 隧道上建立 L2TP 隧道通信。

三、任务实施

（1）单击右下角电脑图标，选择"打开网络和共享中心"选项，进入"更改网络设置"页面，如图 18.26 所示。

图 18.26

（2）单击"连接到工作区"，选择"使用我的 Internet 连接（VPN）"，如图 18.27、图 18.28 所示。

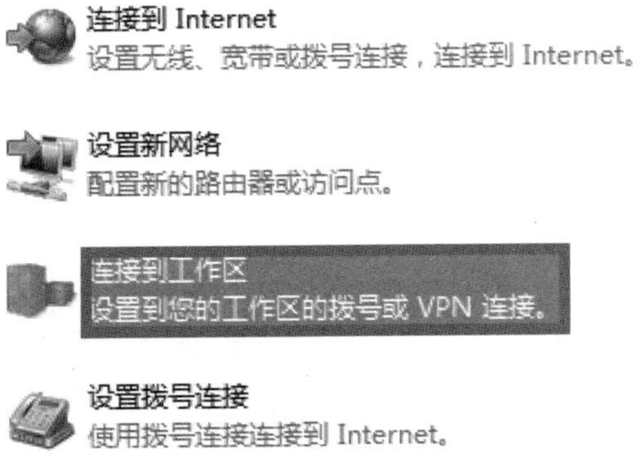

图 18.27

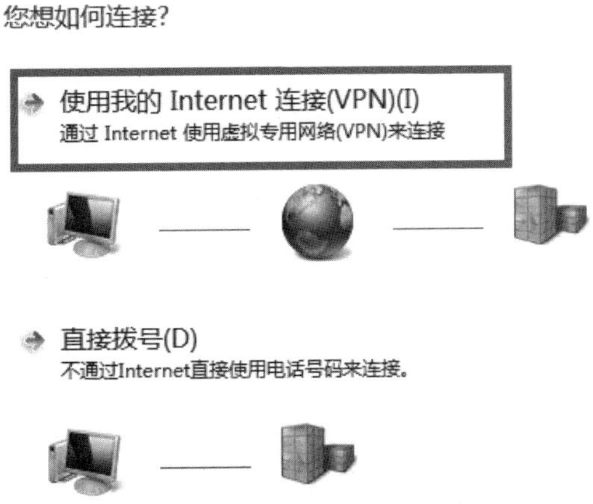

图 18.28

（3）单击"我将稍后设置 Internet 连接"，在"Internet 地址"处设置 Device 连接外网的接口 IP 地址，如图 18.29 所示。

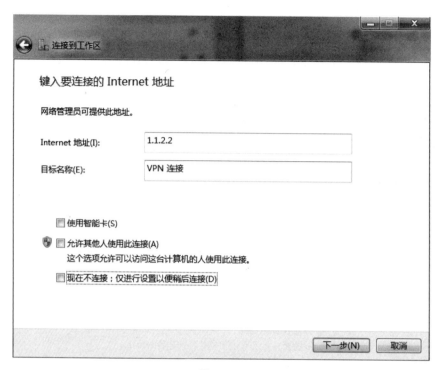

图 18.29

设置用于 VPN 拨号的用户名和密码,如图 18.30 所示。

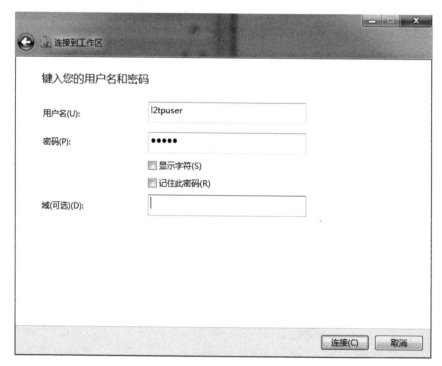

图 18.30

（4）再次单击桌面右下角的电脑图标,鼠标右击"属性"按钮,如图 18.31 所示。

在"安全"页签中选择 VPN 类型为"使用 IPSec 的第 2 层隧道协议（L2TP/IPSec）",在"数据加密"中选择"需要加密",允许协议选择"质询握手身份验证协议（CHAP）,并单击"高级设置",选择"使用预共享的密钥作身份验证",输入密钥 h3cvpn.com,如图 18.32、图 18.33 所示。

图 18.31

图 18.32

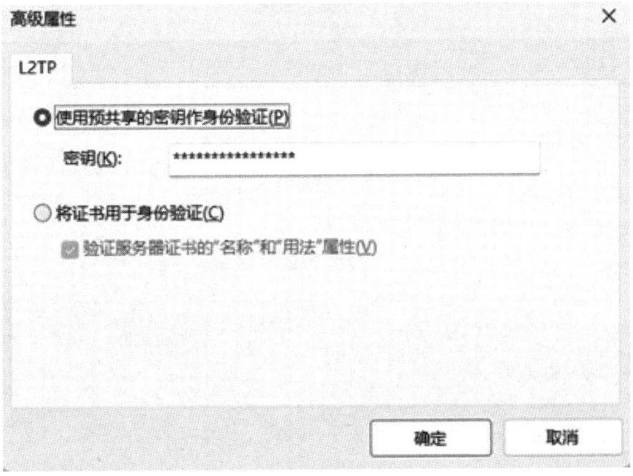

图 18.33

291

（5）验证结果：拨号成功后，可以看到 L2TP 的隧道信息，如图 18.34 所示。

本端隧道ID	对端隧道ID	对端地址	对端端口	组类型	会话数	对端名称	状态
39327	30	2.1.1.1	1701	LNS	1	w...	隧道成功建立

图 18.34

四、任务小结

本任务是对 VPN 的客户端进行配置。最终结果验证了用户可以成功连接到设备上，并获取到内部地址。另外，客户端还可以使用 SecKey 存储，即插即用采用加密的安全认证，配置简单，保障身份可靠，通信安全。

【思考拓展】

使用命令行完成本案例配置。

【证赛精华】

本项目涉及 H3CNE-Security 认证考试（GB0-510）和全国职业院校技能大赛（信息安全管理与评估）的相关要求：

（1）认证考试点：

- VPN 原理及配置——L2TP VPN；
- VPN 原理及配置——IPSec VPN。

内容包括如何利用两种 VPN 实现 L2TP over IPSec VPN 功能。

（2）竞赛知识点与技能点：网络安全设备配置与防护——密码学和 VPN。

掌握配置 L2TP VPN、IPSec VPN 以及 L2TP Over IPSec 的技能。

❋ 项目评价

评价维度	评价标准/内容	分值/分	自评（20%）/分	互评（20%）（各成员计算平均分）				师评（60%）/分	得分/分
				成员1/分	成员2/分	成员3/分	平均分/分		
知识	a. 对 L2TP over IPSec VPN 的基本原理的理解以及线上平台测验完成情况	15							
	b. 对 L2TP over IPSec VPN 的配置方法的理解以及线上平台测验完成情况	15							

评价维度	评价标准/内容	分值/分	自评(20%)/分	互评(20%)（各成员计算平均分）				师评(60%)/分	得分/分
				成员1/分	成员2/分	成员3/分	平均分/分		
技能	a. 能够配置 L2TP over IPSec VPN 功能	10							
	b. 能够通过 L2TP over IPSec VPN 进行加密数据传送	20							
	c. 对 L2TP over IPSec VPN 的基本原理的理解以及线上平台测验完成情况	20							
自评素养	a. 已提升爱国主义情怀	2		/	/	/	/	/	
	b. 已提升民族自豪感和科技创新意识	1		/	/	/	/	/	
	c. 已增强科技强国的责任感和使命感	1		/	/	/	/	/	
互评素养	a. 踊跃参与,表现积极	1	/					/	
	b. 经常鼓励/督促小组其他成员积极参与协作	1	/					/	
	c. 能够按时完成工作和学习任务	1	/					/	
	d. 对小组贡献突出	1	/					/	
师评素养	a. 积极主动参加教学活动	6	/	/	/	/	/		
	b. 具有逻辑思辨能力	3	/	/	/	/	/		
	c. 遵守操作规范	3	/	/	/	/	/		
综合得分									
问题分析和总结									

续表

学习体会					
组　号		姓　名		教师签名	

参考文献

［1］ 李敏,卢跃生.网络安全技术与实例［M］.上海:复旦大学出版社,2013.

［2］ 李敏,赵宇枫.网络安全项目实战［M］.重庆:重庆大学出版社,2013.

［3］ 亚历山大·科特,克利夫·王,罗伯特·F.厄巴彻.网络空间安全防御与态势感知［M］. 黄晟,安天研究院,译.北京:机械工业出版社,2019.

［4］ 查克·伊斯特姆.网络防御与安全对策:原理与实践(原书第3版)［M］.刘海燕,等译.北 京:机械工业出版社,2019.

［5］ 田贵辉.Web 安全漏洞原理及实战［M］.北京:人民邮电出版社,2020.

［6］ 闵海钊,李合鹏,刘学伟,等.网络安全攻防技术实战［M］.北京:电子工业出版社,2020.

［7］ 苗春雨,曹雅斌,尤其.网络安全渗透测试［M］.北京:电子工业出版社,2021.

［8］ 张博,高松,乔明秋.网络安全防御［M］.北京:机械工业出版社,2022.

［9］ 刘化君,郭丽红.网络安全与管理［M］.北京:电子工业出版社,2019.